VERLAG ANTJE
KUNSTMANN

Für Annina

Stefano Mancuso

PFLANZENREVOLUTION

WIE DIE PFLANZEN UNSERE ZUKUNFT ERFINDEN

Aus dem Italienischen
von Christine Ammann

Verlag Antje Kunstmann

VORWORT

Am Ahorn wachsen *Samara* genannte Nussfrüchte.
Dank ihrer Hubschrauberflügel werden sie vom Wind weitergetragen.

Manchmal denke ich, dass den meisten Menschen gar nicht bewusst ist, welche Bedeutung die Pflanzen für uns haben. Jeder weiß zwar, so hoffe ich zumindest, dass sie den Sauerstoff produzieren, den wir einatmen, und dass sie letztendlich am Anfang der Nahrungskette aller Tiere stehen. Aber wer denkt schon daran, dass sämtliche fossilen Energien wie Erdöl, Kohle oder Gas eigentlich nichts anderes sind als Sonnenenergie, die vor Jahrmillionen von Pflanzen umgewandelt und gespeichert wurde? Oder dass die meisten Wirkstoffe in unseren Arzneimitteln von Pflanzen stammen? Oder dass das wichtigste Baumaterial in vielen Weltgegenden noch immer das dafür so hervorragend geeignete Holz ist? Wenn wir es genau betrachten, sind wir, wie alle anderen tierischen Lebensformen, auf Gedeih und Verderb auf die Pflanzen angewiesen.

Nun sollte man annehmen, dass wir daher über die Pflanzen – von denen noch dazu ein Großteil unserer Wirtschaft abhängt – allerbestens Bescheid wüssten. Doch weit gefehlt: Allein 2015 wurden noch sage und schreibe 2034 neue Pflanzen entdeckt – und nicht etwa nur winzige Pflänzchen, die man leicht übersehen könnte. *Gilbertiodendron maximum* beispielsweise ist ein ungefähr 45 Meter hoher endemischer Baum im Regenwald von Gabun, mit bis zu 1,5 Meter Stammdurchmesser und über hundert Tonnen Gesamtgewicht. Und 2015 war auch kein Ausnahmejahr: Im letzten Jahrzehnt gab es jährlich über zweitausend Erstbeschreibungen neuer Arten.

Die Suche nach noch unentdeckten Pflanzen lohnt sich auf jeden Fall. Wir nutzen heute nachweislich über 31 000 Pflanzenarten: fast 18 000 davon für medizinische Zwecke, weitere 6000 für unsere Ernährung, 11 000 als Textilfasern und Baumaterial, 1300 im gesellschaftlichen Rahmen – etwa für religiöse Riten oder als Drogen –, 1600 als Energiequelle, 4000 als Tierfutter, 8000 für Umweltzwecke, 2500 als Gift – und so weiter. Wie sich leicht ausrechnen lässt, profitieren wir unmittelbar von 10 Prozent aller Pflanzenarten. Noch lohnender wäre es allerdings, wenn wir sie nicht nur nutzen, sondern auch von ihnen lernen würden.

Pflanzen sind nämlich vorbildlich zeitgemäß. Und genau das will ich mit diesem Buch zeigen. Die Pflanzenwelt hat schon vor undenklichen Zeiten optimale Lösungen für die Probleme entwickelt, mit denen wir heute zu tun haben, ob es um Materialien, autonome Energieversorgung, Resilienz oder Anpassungsstrategien geht. Eigentlich müssten wir jetzt nur noch wissen, wie und wo wir am besten suchen.

Pflanzen und Tiere haben sich in einem Prozess, der vor etwa einer Milliarde Jahre begann und vor 400 Millionen Jahren endete, evolutionär in die entgegengesetzte Richtung entwickelt. Auf der Suche nach Nahrung bewegten sich die Tiere fort; die Pflanzen aber blieben am Ort, erzeugten mithilfe der Sonne die notwendige Energie und passten sich an das ortsgebundene Leben an, etwa daran, dass sie leichte Beute waren. Keine einfache Aufgabe. Können Sie sich vorstellen, wie schwer es ist, in einer feindlichen Umgebung zu überleben, wenn man sich nicht vom Fleck rühren kann? Wie es wäre, eine von Insekten, pflanzenfressenden Tieren und anderen Feinden umlauerte Pflanze zu sein und nicht fliehen zu können? Sie hätten dann nur eine Überlebenschance: Ihr Körper müsste unzerstörbar sein und folglich völlig anders aufgebaut als jener der Tiere. Sie müssten eben eine Pflanze sein.

Die Pflanzen schlugen angesichts ihrer Fressfeinde einen evolutionär einzigartigen und von dem der Tiere so weit entfernten Weg ein, dass sie für uns geradezu zum Sinnbild der Andersartigkeit geworden sind. Sie könnten genauso gut Außerirdische sein, so grundlegend unterscheidet sich ihr Organismus von unserem. Viele Lösungen der Pflanzen sind denen der Tierwelt diametral entgegengesetzt: Die Tiere sind mobil, die Pflanzen sesshaft; die Tiere schnell, die Pflanzen langsam. Tiere sind Verbraucher, Pflanzen Erzeuger; Tiere produzieren CO_2, Pflanzen binden es, und so weiter. Doch der entscheidende und kaum jemandem bewusste Unterschied zwischen Pflanze und Tier liegt ganz woanders, nämlich im Gegensatz zwischen dezentraler Verteilung und Konzentration. Während sich die Körperfunktionen der Tiere in bestimmten Organen konzentrieren, sind die der Pflanzen über den ganzen Körper verteilt. Die weitreichenden Folgen, die sich daraus ergeben, können wir noch kaum überblicken. Pflanzen wirken auf uns auch darum so grundlegend anders, weil sie völlig anders aufgebaut sind als wir.

Wenn der Mensch Werkzeuge baut, will er stets sich und seine Körperfunktionen ersetzen, erweitern oder verbessern. Unsere Werkzeuge und Geräte orientieren sich deshalb am Aufbau des tierischen Organismus. Nehmen wir beispielsweise den Computer. Seine Bauweise beruht auf einer uralten Blaupause: Ein Prozessor steuert, ähnlich wie ein Gehirn, Hardware, Festplatten, Arbeitsspeicher, Grafik- und Audiokarten. Wir haben also unsere Organe einfach auf eine künstliche Intelligenz übertragen. Was immer der Mensch gebaut hat, gründet mehr oder weniger offensichtlich auf derselben Architektur: Ein zentrales Gehirn steuert die ausführenden Organe. Selbst unsere Gesellschaften basieren auf diesem archaischen, hierarchischen und zentral gelenkten Modell. Dabei bietet es nur einen einzigen Vorteil. Es liefert schnelle Antworten – die aber nicht unbedingt richtig sein müssen. Ansonsten ist es anfällig und alles andere als innovativ.

Die Pflanzen besitzen dagegen kein Organ wie ein zentrales Gehirn. Trotzdem können sie ihre Umgebung sensibler wahrnehmen als Tiere, sie können aktiv um begrenzte Boden- und Luftressourcen kämpfen, Situationen zuverlässig beurteilen, raffinierte Kosten-Nutzen-Rechnungen durchführen und angemessen auf Umweltreize reagieren. Sie könnten für uns also eine alternative Blaupause sein, die wir ernsthaft in Betracht ziehen sollten. Umso mehr, als wir Veränderungen heute immer schneller erkennen und umgehend hochinnovative Lösungen entwickeln müssen.

Zentralistische Strukturen sind per se schwach. Hernán Cortés landete am 22. April 1519 mit nur hundert Matrosen, fünfhundert Soldaten und ein paar Pferden in Mexiko, nahe dem heutigen Veracruz. Schon zwei Jahre später, am 13. August 1521, war mit dem Fall der Hauptstadt Tenochtitlan das Ende der aztekischen Kultur besiegelt. Dasselbe Schicksal widerfuhr einige Zeit später auch den Inka; sie wurden 1533 von Francisco Pizarro besiegt. In beiden Fällen konnten winzige Heere jahrhundertealte Großreiche vernichten, indem sie einfach die Könige, Montezuma und tahualpa, gefangen nahmen. Die zentralistischen Staaten erwiesen sich als angreifbar und verletzlich. Doch nur wenige Hundert Kilometer nördlich von Tenochtitlan lebten die Apachen, die längst nicht so fortschrittlich waren wie die Azteken, aber auch nicht zentralistisch organisiert. Sie konnten sich, wenn auch nur in einem langen Krieg, erfolgreich gegen Cortés zur Wehr setzen.

Das pflanzliche Modell ist wesentlich widerstandsfähiger und zeitgemäßer als das der Tiere. Pflanzen sind ein lebendes Beispiel dafür, dass Robustheit und Flexibilität kein Widerspruch sein müssen. Ihr modularer Aufbau macht sie zum Inbegriff der Moderne: Dank ihrer kooperativen, verteilten Architektur ohne Kommandozentrale bleiben sie selbst in Katastrophenfällen funktionsfähig und passen sich schnell an veränderte Umweltbedingungen an.

Die wichtigsten Körperfunktionen der komplex aufgebauten Pflanzen können sich dabei auf ein hoch entwickeltes sensorisches System stützen, das eine effiziente Erkundung der Umwelt und eine schnelle Reaktion auf

Bedrohungen ermöglicht. So verfügen Pflanzen über ein raffiniertes, sich kontinuierlich weiterentwickelndes Netzwerk aus Wurzelspitzen, die den Boden aktiv erforschen. Nicht nur zufällig ist auch das Internet, der Inbegriff unserer modernen Welt, wie ein Wurzelnetzwerk aufgebaut.

Weil Pflanzen durch ihren einzigartigen evolutionären Weg eine wesentlich zeitgemäßere Struktur aufweisen als Tiere, kann es in puncto Robustheit und Innovationskraft niemand mit ihnen aufnehmen.

Wir täten gut daran, dem Rechnung zu tragen, wenn wir uns Gedanken über unsere eigene Zukunft machen.

///

1 GEDÄCHTNIS OHNE GEHIRN

Normalerweise bestimmen wir Pflanzen anhand ihrer oberirdischen Teile. Dabei macht der Wurzelstock mindestens die – noch dazu wohl interessantere – Hälfte der Pflanze aus.

Gedächtnis: Fähigkeit des Gehirns, die die Speicherung von Lernstoff, Eindrücken, Erlebnissen und Erfahrungen und die Reproduktion derselben zu einem späteren Zeitpunkt möglich macht, Erinnerungsvermögen

Digitales Wörterbuch der deutschen Sprache – DWDS

Tiere und Pflanzen lernen durch Erfahrung

Ich habe mich schon immer für die Intelligenz der Pflanzen interessiert und darum zwangsläufig auch für ihr Gedächtnis. Im ersten Moment klingt das vielleicht seltsam: ihr Gedächtnis. Aber schauen wir doch einmal genauer hin. Man kann sich ja durchaus vorstellen, dass Intelligenz nicht einem einzelnen Organ zuzuordnen ist, gehört sie doch zum Leben selbst. Wie die Pflanzen zeigen, ist das Großhirn lediglich ein evolutionärer «Zufall», der nur bei den Tieren, also einem winzigen Teil der Lebewesen, auftritt. Bei der überwiegenden Mehrheit, den Pflanzen, hat sich die Intelligenz ohne Gehirn entwickelt. Andererseits kann ich mir beim besten Willen keine Form von Intelligenz – und sei sie auch noch so speziell – vorstellen, die ohne Gedächtnis auskommt.

Gedächtnis ist also nicht dasselbe wie Intelligenz. Ohne Gedächtnis können wir nichts lernen, und ohne Lernen ist Intelligenz unmöglich. Steht ein Lebewesen mehrfach vor demselben Problem, werden wir es nur dann als intelligent bezeichnen, wenn es auf das Problem mit der Zeit besser reagiert. Sicher haben wir alle manchmal das Ge-

Die Klugheit ist die Ehefrau, die Fantasie die Geliebte und die Erinnerung die Dienstmagd.

Victor Hugo, *Post-scriptum de ma vie*

Wir besitzen ein gigantisches Gedächtnis, von dem wir aber nichts wissen.

Denis Diderot

fühl, immer wieder dasselbe Verhalten zu zeigen, obwohl wir es eigentlich besser wissen müssten. Und jedem fallen wohl Freunde oder Verwandte ein, die in bestimmten Situationen immer gleich, also niemals auch nur einen Deut klüger reagieren. Doch das ist nur unser Eindruck. Von Ausnahmen oder Sonderfällen abgesehen, die oft mit kleineren pathologischen Störungen zusammenhängen, lernen alle Lebewesen durch Erfahrung. Und diese goldene Regel gilt auch für Pflanzen. Wenn sich Probleme wiederholen, reagieren sie immer angemessener. Und das wäre nicht möglich, wenn sie die Informationen zur Problemlösung nicht irgendwo abspeichern würden. Wenn sie also kein Gedächtnis besäßen.

Aber glauben Sie bloß nicht, dass man deshalb schon offen von einem pflanzlichen Gedächtnis spricht. Weil die Pflanzen kein Gehirn besitzen, hat man sich zur Erklärung der zahlreichen Aktivitäten, für die Tiere analog das Gehirn benutzen, nämlich die verschiedensten Fachbegriffe ausgedacht: Akklimatisierung, Abhärtung, Priming, Konditionierung … Die Wissenschaft hat also linguistische Drahtseilakte vollführt, um in Bezug auf Pflanzen den alten, bequemen und einfachen Begriff «Gedächtnis» zu umgehen.

Doch ebenso wie die Tiere lernen Pflanzen aus Erfahrung und müssen folglich ein Erinnerungsvermögen besitzen. Nehmen wir ein Beispiel: Ein Olivenbaum kann Stresssituationen wie trockene oder salzige Böden überleben, weil er Anatomie und Stoffwechsel entsprechend verändert. Das wäre an sich noch nichts Besonderes. Aber wenn wir dieselbe Pflanze nach einer gewissen Zeit derselben Stresssituation, vielleicht sogar noch in verstärkter Form, aussetzen, fällt ihre Reaktion scheinbar überraschend aus, nämlich besser. Sie hat ihre Lektion gelernt! Irgendwie hat sie die angewandte Lösung gespeichert, umgehend abgerufen und so diesmal effizienter und präziser reagiert. Um ihre Überlebenschancen zu erhöhen, hat sie aus Erfahrung gelernt und sich die optimale Reaktion gemerkt.

Pflanzen mit langem Gedächtnis

Vieles in der Pflanzenwelt, das analog zur Tierwelt abläuft, ist mittlerweile zufriedenstellend erforscht: Intelligenz, Kommunikation, Verteidigungsstrategien oder Verhalten. Nur zum Gedächtnis hat man erst kürzlich Vergleichstests durchgeführt. Das ist umso erstaunlicher, als der Vorreiter auf diesem Gebiet einer der berühmtesten Naturwissenschaftler war: Lamarck (1744–1829), oder besser Jean-Baptiste Pierre Antoine de Monet, Chevalier de Lamarck – weil seine wissenschaftliche Leistung damit würdig zum Ausdruck kommt. Wie andere Naturforscher seiner Zeit interessierte sich der Vater der Biologie – der Begriff geht auf ihn zurück – besonders für die schnellen Bewegungen der

Mimosa pudica in voller Blüte. Die zahlreichen rosafarbenen Staubblätter lassen die Blüten fedrig aussehen.

sogenannten Sinnpflanzen, Pflanzen also, die umgehend und offensichtlich auf bestimmte Reize reagieren. Lamarck hat sich vor allem lange mit der Frage beschäftigt, wie und warum die Mimose ihre Blättchen plötzlich schließt. Und um es gleich vorwegzunehmen, so genau wissen wir es bis heute nicht.

Ich nehme an, Sie kennen Mimosen. Man kann sie ja heute im Supermarkt kaufen. Aber falls jemand noch keine gesehen hat: Es handelt sich um eine kleine, anmutige Pflanze, die ihre Blättchen bei äußeren Reizen wie Berührungen schamhaft schließt und darum auch *Mimosa pudica,* «Schamhafte Sinnpflanze» genannt wird. Sie stammt ursprünglich aus den amerikanischen Tropen, stieß aber durch ihre unmittelbare, bei Pflanzen seltene Reaktion in Europa schnell auf großes Interesse. So haben sich mit ihr etwa der Brite Robert Hooke (1635–1703) beschäftigt, der erstmals eine Zelle unter dem Mikroskop betrachtete und beschrieb, oder auch der Vater der Zellbiologie, Henri Dutrochet (1776–1847). Kurz und gut: Eine Zeit lang war die Mimose ein echter Star.

Auch Chevalier de Lamarck konnte sich ihrer Faszination nicht entziehen. Er führte zahllose Versuche durch, um

Die sogenannte Schamhafte Sinnpflanze, *Mimosa pudica*, die ursprünglich aus Lateinamerika und der Karibik stammt, ist heute in vielen Ländern des Tropengürtels verbreitet.

ihrem Geheimnis auf die Spur zu kommen, und erforschte ihr Verhalten in, gelinde gesagt, ausgefallenen Situationen. Vor allem verwunderte ihn, dass die Pflanze irgendwann nicht mehr reagierte, wenn man sie wiederholt demselben Reiz aussetzte. Sie ignorierte ihn einfach. Lamarck vermutete ganz richtig, die Pflanze sei «müde». Wenn sich die Blättchen wiederholt schließen und öffnen, fehlt ihnen irgendwann einfach die Kraft. Anscheinend, so nahm er an, galt für die Mimose also Ähnliches wie für die Muskeln von Tieren, die auch nur so lange arbeiten können, wie die Energie reicht. Doch seltsamerweise stimmte das nicht in jedem Fall.

So fiel Lamarck auf, dass manche Pflanzen die Blättchen nicht mehr schlossen, obwohl sie noch längst nicht erschöpft waren. Erstaunt fragte er sich nach dem Grund und stieß eines Tages auf einen originellen Versuch, der seine Frage zu beantworten schien. Für den Versuch hatte der Botaniker René Desfontaines (1750–1833) einen Studenten mit jeder Menge Mimosentöpfen auf eine Kutschfahrt durch Paris geschickt und ihm aufgetragen, die Pflanzen genauestens zu beobachten. Vor allem sei darauf zu achten, wann sich die Blättchen schließen. Wir kennen den Namen des Studenten nicht, aber er war von seinem Professor offenbar Seltsames gewöhnt und fragte nicht lange nach. Er verteilte die Mimosentöpfe auf den Sitzen und befahl dem Kutscher, in gleichmäßigem Trab und möglichst ohne anzuhalten die Sehenswürdigkeiten der Stadt abzuklappern.

Der Student hatte wohl kaum Gelegenheit, die Spazierfahrt zu genießen, denn schon beim ersten Rütteln und Schütteln der Kutsche auf dem Pariser Kopfsteinpflaster schlossen sich die Blättchen, und er war vollauf damit beschäftigt, alle Beobachtungen in sein Notizbuch einzutragen. Doch der Versuch dürfte ihm trotzdem recht langweilig vorgekommen sein. Desfontaines würde damit nicht zufrieden sein. Denn was sollte jetzt noch groß passieren? Die Blättchen hatten sich wie vorhergesehen sofort geschlossen – und nun? Was wollte sein Professor bloß mit dem Versuch? Heute war offenbar nicht der richtige Tag für bahnbrechende Ergebnisse. Doch als der Student so dasaß, passierte plötzlich etwas Unerwartetes. Obwohl die Kutsche unvermindert und ohne Unterlass vibrierte, öffneten erst eine, dann zwei, dann fünf und schließlich alle Pflanzen ihre Blättchen. Was war denn jetzt los? Der unbekannte Student hatte eine geniale Eingebung und schrieb in sein Notizbuch: Die Pflänzchen haben sich an das Ruckeln *gewöhnt*.

Der Versuch auf den Straßen von Paris war der Botanischen Gesellschaft immerhin eine Notiz wert, und Lamarck und Augustin-Pyramus de Candolle (1778–1841) einen kurzen Bericht in ihrem Werk *Flore française*. Doch wie viele andere geniale Entdeckungen gerieten auch diese Versuchsergebnisse bald in Vergessenheit. Dabei war Desfontaines' Text ziemlich eindeutig und implizierte ganz klar ein Anpassungsverhalten, das ein Speichern von Informationen, also Gedächtnis voraussetzte. Denn wie hätten sich die Mimosen an das Rütteln der Kutsche gewöhnen können, wenn sie kein Erinnerungsvermögen besaßen? Allerdings fehlte für diese interessante Annahme lange jeder wissenschaftliche Beleg.

Doch im Mai 2013 kam Monica Gagliano von der University of Western Australia in Perth für sechs Monate ans

LINV (Laboratorio internazionale di neurobiologia vegetale), das von mir geleitete Internationale Institut für Pflanzenneurobiologie an der Universität Florenz. Die Meeresbiologin war vielseitig interessiert, an der Philosophie ebenso wie an der Evolutionsgeschichte der Pflanzen. Mit diesem Forschungsaufenthalt wollte sie vor allem ihre Botanikkenntnisse vertiefen, und ihre besondere Aufmerksamkeit galt dabei dem Verhalten der Pflanzen. Wir unterhielten uns natürlich ausgiebig über unsere Forschungsgebiete, und irgendwann entwickelten wir einige gemeinsame Versuche, die sich einerseits vor ihrer Universität rechtfertigen ließen und uns andererseits Antworten auf die brennendsten Fragen aus unseren Gesprächen geben sollten. Mir schien eine Frage von besonderer Bedeutung: Besitzen Pflanzen wirklich ein Gedächtnis? Obwohl man ihnen schon länger ein hervorragendes Erinnerungsvermögen zuschrieb, gab es dafür noch keinen wissenschaftlichen Beweis. Ich wollte das pflanzliche Gedächtnis endlich experimentell belegen. Nachdem wir uns also auf das Thema geeinigt hatten, blieb uns noch der schwierigste Teil der Aufgabe: Wie sollten wir beweisen, dass Pflanzen auf wiederholte Reize zunehmend besser reagieren, weil sie über eine spezielle Form von Gedächtnis verfügen?

Als ich wenige Monate zuvor den japanischen LINV-Sitz in Kitakyūshū besucht hatte, hatte mir der Leiter, mein Freund und Kollege Tomonori Kawano, mit berechtigtem Stolz einige Bücher gezeigt, die die Pariser Sorbonne mit Tausenden anderen einstampfen lassen wollte. Es war ihm in zähen Verhandlungen gelungen, die Bücher zu retten und nach Japan zu bringen. Unter den zahlreichen Schätzen befand sich auch eine Originalausgabe der *Flore fran-*

çaise von Lamarck und de Candolle – und darin der Bericht über Desfontaines und wie er Mimosenpflänzchen durch Paris kutschieren ließ. Wir hatten uns beim Lesen köstlich amüsiert – Tomonori hatte Desfontaines' Studenten als japanischen Musterschüler bezeichnet –, und nun fiel mir die Geschichte wieder ein. Ich erzählte Monica davon, und wir fragten uns, ob wir den Klassiker nicht einfach mit heutigen wissenschaftlichen Methoden wiederholen sollten. Und tatsächlich konnten wir schon wenige Tage später einen aktuellen Bericht über den «Versuch von Lamarck und Desfontaines», wie wir die Experimente spontan nannten, verschicken.

Im Jahr 2013 konnte man sich nicht mehr einfach mit Pflanzen in eine Kutsche setzen, aber Lamarcks Reizwiederholung griffen wir gern auf. Wir wollten beweisen, dass Mimosenpflänzchen erstens einen Reiz nach einer gewissen Anzahl von Wiederholungen als ungefährlich einstufen und ihre Blättchen nicht mehr schließen, und dass sie zweitens, nach entsprechender Vorbereitung, zwischen bekanntem und unbekanntem Reiz unterscheiden können und demgemäß reagieren. Anders gesagt, wir wollten herausfinden, ob sich die Pflänzchen an bekannte, ungefährliche Reize *erinnern* und diese von neuen, potenziell gefährlichen Reizen unterscheiden können.

Eine einfache, aber wirksame Anordnung für unseren Versuch «Lamarck und Desfontaines» war schnell gefunden. Wir ließen Mimosentöpfe in einer speziellen Versuchseinrichtung mehrfach zehn Zentimeter tief fallen. Der präzis quantifizierbare Sturz stellte also den Reiz dar. Unser Versuchsergebnis ließ keine Wünsche offen; Desfontaines' Beobachtungen stimmten haargenau: Nach sieben oder acht

Die Mimose kann lernen, dass ein Reiz, wie ein kurzer Fall im Topf, ungefährlich ist, und schließt ihre Blätter dann nicht mehr.

Wiederholungen schlossen sich die Blättchen nicht mehr, und jede weitere Wiederholung wurde souverän ignoriert. Nun mussten wir allerdings noch herausfinden, ob es sich bloß um eine Ermüdungserscheinung handelte oder ob die Mimosen wirklich erkannt hatten, dass der Reiz ungefährlich war. Wir mussten sie also einem neuen Reiz aussetzen. Dazu stellten wir die Töpfe in einen Apparat, in dem sie horizontal geschüttelt wurden. Und siehe da: Bei diesem neuen, ebenfalls exakt quantifizierbaren Reiz schlossen sich die Blättchen sofort. Ein fantastisches Ergebnis. Mit dem Versuch «Lamarck und Desfontaines» hatten wir bewiesen, dass Pflanzen einen Reiz durch Lernen als ungefährlich einstufen und diesen von anderen, potenziell gefährlichen Reizen unterscheiden können. Und dafür mussten sie sich an Erlebtes erinnern.

Doch wie lange erinnerten sie sich daran? Um diese Frage zu beantworten, ließen wir mehrere Hundert Mimosen, die gelernt hatten, zwischen den beiden Reizen zu

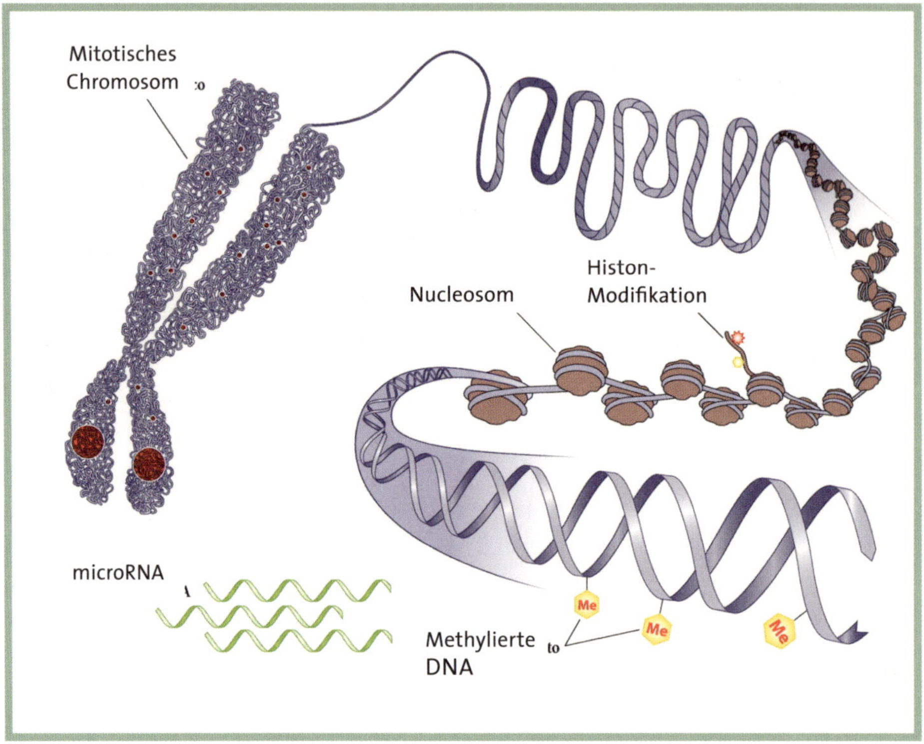

Die DNA-Methylierung ist die häufigste epigenetische Modifikation.

unterscheiden, eine Weile ungestört und überprüften anschließend in immer längeren Abständen, ob sie sich noch daran erinnerten. Das Ergebnis übertraf alle unsere Erwartungen: Sie erinnerten sich noch nach mehr als vierzig Tagen daran, also erheblich länger als viele Insekten und ungefähr genauso lange wie manche höheren Tiere.

Bis heute bleibt es allerdings ein Rätsel, wie sich Lebewesen, die kein Gehirn besitzen, an etwas erinnern können. Zahlreiche Forschungsarbeiten, vor allem auf dem Gebiet des Stressgedächtnisses, deuten darauf hin, dass die Epigenetik einiges zu einer Erklärung beitragen könnte. Die Epigenetik beschäftigt sich mit vererbbaren Chromosomen-

Modifikationen, die nicht auf Veränderungen der DNA-Sequenz beruhen. Mit anderen Worten: Die Veränderungen betreffen die Genexpression, nicht aber die Gensequenz. Hierzu gehören etwa die Modifikation von Histonen – Proteinen zur DNA-Organisation – oder die Methylierung, bei der sich eine Methyl-CH_3-Gruppe an eine stickstoffhaltige DNA-Base bindet.

Schon vor einiger Zeit musste man verblüfft feststellen, dass die nicht codierende Zell-DNA, die man lange als «genetischen Müll» bezeichnet hatte, offenbar wichtige Aufgaben erfüllte. Wie man heute weiß, ist sie beispielsweise für die Produktion von RNA-Molekülen zuständig, die bei der Embryoentwicklung, den Gehirnfunktionen und anderen entscheidenden Punkten eine Schlüsselrolle spielen. Wie so oft in der Biologie, verdanken wir auch hier viele Forschungsfortschritte den Pflanzen – und in letzter Zeit vor allem den Anstrengungen, das Geheimnis des Pflanzengedächtnisses zu lüften. Um nur ein Beispiel zu nennen: Woher wissen Pflanzen überhaupt, wann genau sie blühen müssen? Dass sich Pflanzen seit Jahrtausenden erfolgreich vermehren und fortpflanzen können, liegt ja hauptsächlich daran, dass sich ihre Blüten genau im richtigen Moment öffnen. Nach Ende der Winterkälte warten viele Pflanzen eine bestimmte Anzahl an Tagen ab, ehe sie blühen. Sie müssen sich also daran erinnern, wie viel Zeit verstrichen ist.

Dass es sich dabei um ein epigenetisches Gedächtnis handelt, bezweifelt niemand mehr, doch wie dieses tatsächlich funktioniert, war bis vor Kurzem noch ein Rätsel. Erst in der Septemberausgabe 2016 der Zeitschrift «Cell Reports» sollte eine Arbeitsgruppe unter Leitung von Karissa

Sanbonmatsu am Los Alamos National Laboratory ihre Forschungsergebnisse zu einer bestimmten RNA-Sequenz veröffentlichen: Demnach beurteilt eine COOLAIR genannte Sequenz, wie viel Zeit seit der Winterkälte vergangen ist, und steuert so die Frühlingsblüte. Wenn das RNA-Stück inaktiv ist oder entfernt wird, blühen die Pflanzen nicht mehr. Doch uns geht es hier ja nicht um die komplexe Dynamik von COOLAIR – im Grunde der Repressor eines Repressors der Blüte. Uns interessiert hier vor allem, dass solche Mechanismen bei Pflanzen wesentlich häufiger sein könnten als angenommen und dass das Pflanzengedächtnis genau darauf beruhen könnte. Offensichtlich spielen epigenetische Modifikationen in der Pflanzenwelt eine wesentlich größere Rolle als bei Tieren, und es wäre daher durchaus denkbar, dass sich Pflanzenzellen an eine stressbedingt modifizierte Genexpressivität erinnern.

Eine Forschungsgruppe unter Leitung von Susan Lindquist am MIT (Massachusetts Institute of Technology, Cambridge, USA) hat kürzlich die These aufgestellt, dass sich Pflanzen zumindest für ihr Blütengedächtnis Prionen zunutze machen, Proteine mit falsch gefalteten Aminosäureketten. Die Umfaltung (*misfolding*) könne durch Kettenreaktionen zudem an Nachbarproteine weitergegeben werden. Bei Tieren verheißen Prionen nichts Gutes und verursachen beispielsweise die Creutzfeldt-Jakob-Krankheit, den sogenannten Rinderwahnsinn. Aber bei den Pflanzen könnten sie für ein originelles biochemisches Gedächtnis sorgen.

Anders als man vielleicht denken könnte, sind solche Studien nicht nur für die Botanik von größtem Interesse. Wenn wir begreifen, wie ein Gedächtnis ohne Gehirn funktioniert, können wir nämlich nicht nur das Rätsel um das Pflanzengedächtnis lösen, sondern auch unser eigenes besser verstehen: Auf welche Weise kann sich unser Gedächtnis verändern oder erkranken? Wie können sich auch außerhalb des Nervensystems spezielle Gedächtnisformen ansiedeln? Noch dazu könnten zahlreiche technologische Entwicklungen von den neuen Erkenntnissen der biologischen Gedächtnisforschung profitieren. Mit anderen Worten: Fortschritte auf diesem Gebiet sind von allgemeinem Interesse für die Menschheit, weil sie uns ungeahnte Möglichkeiten eröffnen können.

///

2 VON DER PFLANZE ZUM PLANTOIDEN

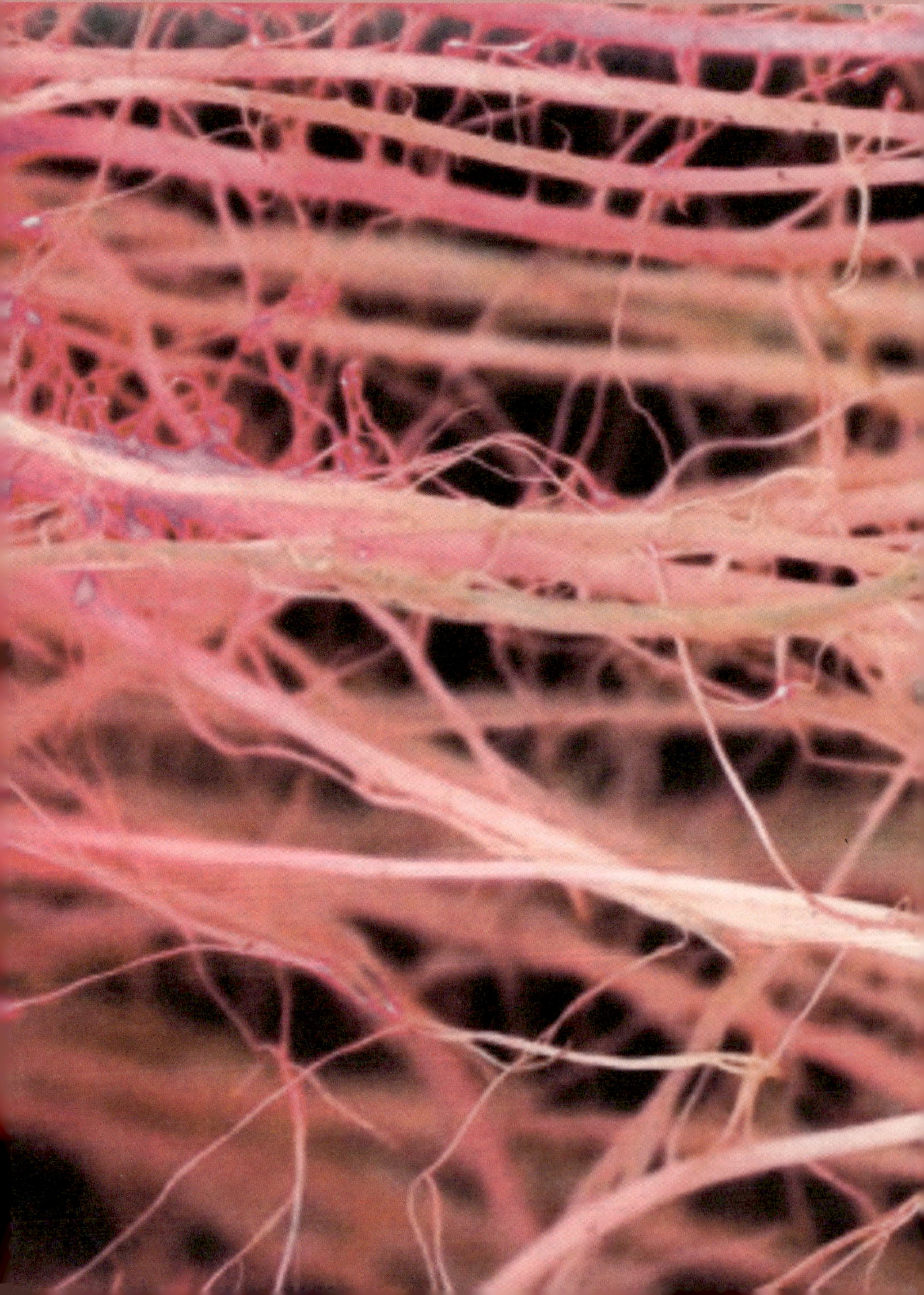

Ein Wurzelstock kann Milliarden von Wurzelspitzen besitzen.
Auf dem Bild sieht man einen Ausschnitt des komplexen Mais-Wurzelstocks.

Wer tief in die Natur hineinschaut, wird alles besser verstehen.

Albert Einstein

Ist die Bioinspiration wirklich ein neuer Ansatz?

Die Roboter-Revolution scheint ihre Probleme nach Jahren der vorschnellen Ankündigungen, Bedenken, Richtigstellungen und Erläuterungen langsam in den Griff zu kriegen: Heute werden in vielen Bereichen, die man noch vor nicht allzu langer Zeit dem Menschen vorbehalten glaubte, zuverlässige und wirtschaftliche Roboter eingesetzt. Manche gehören sogar schon zum Alltag: Nicht mehr nur im Science-Fiction-Film saugen heute Roboter die Wohnung, mähen den Rasen oder sammeln den Papiermüll von der Straße auf.

Doch obwohl die Roboter längst da und aus einigen Bereichen gar nicht mehr wegzudenken sind, betrachten die meisten Menschen sie noch immer, je nach Einstellung, als Zukunftsgespenst oder Zukunftstraum. Schuld daran ist vermutlich das Bild, das wir von ihnen haben. Eigentlich verbreiten sich die Roboter rasend schnell. In der Automobilindustrie, der Medizin oder der Unterwasserforschung sind sie längst unersetzbar geworden, und täglich kommen neue Anwendungsmöglichkeiten hinzu: Roboter mit künstlicher Intelligenz, Putzroboter, Unterwasserroboter etc.

Doch in Gesprächen mit Freunden stellen wir unweigerlich fest, dass offenbar kaum jemand gemerkt hat, dass heute viel mehr Roboter im Einsatz sind als, sagen wir, vor dreißig Jahren. Woran liegt das? Meiner Meinung nach an dem Bild, das wir uns nach Hunderten Science-Fiction-Filmen und -Büchern von ihnen gemacht haben: In unserer Vorstellung ist der Roboter ein Androide mit menschlichen Zügen und Eigenschaften.

Der Begriff Roboter stammt bekanntlich aus dem Tschechischen. Dort bedeutet *robota* schwere Arbeit oder Zwangsarbeit – im Polnischen heißt der Arbeiter *robotnik*. Der Begriff tauchte erstmals 1920 in dem Kollektivdrama *R.U.R. – Rossum's Universal Robots* des tschechischen Autors Karel Čapek auf, von wo er sich ebenso schnell verbreitete wie die Vorstellung, die damit einherging. Die künstlichen Arbeiter in Čapeks Drama, die dem Menschen das Leben erleichtern sollten, waren aber eigentlich Replikanten, also humanoides Personal. Doch höchstwahrscheinlich entwickelte sich daraus die allgemeine Vorstellung von einem Maschinenwesen, das im Grunde ein humanoider Sklave war, ein vereinfachtes Abbild des Menschen. Schon kurze Zeit später, 1927, sollte das expressionistische Meisterwerk *Metropolis* von Fritz Lang die

Vorstellung vom Roboter als Maschinenmenschen dann für alle Zeiten zementieren. Aber wer sagt denn, abgesehen von Literatur und Film, dass ein Roboter unbedingt wie ein Mensch aussehen muss?

Der menschenähnliche Roboter wirkt aber wohl auch darum so attraktiv, weil er suggeriert, dass wir dadurch menschliches Handeln ersetzen, erweitern oder verbessern würden. Im Grunde war der Mensch bei der Entwicklung seiner Werkzeuge immer bemüht, sich selbst zu kopieren – oder zumindest seinen tierischen Körperaufbau. Nehmen wir etwa den Computer, den Inbegriff der Moderne. Auf den ersten Blick scheint er uns keineswegs zu ähneln, und doch folgt er einem uralten Muster: Ein Prozessor verwaltet, ähnlich wie das Gehirn, Hardware, Peripherie, Festplatte, Arbeitsspeicher, Grafik- und Audiokarten, also sozusagen die in Schlüsseltechnologien umgewandelten Funktionen unserer Organe. Was der Mensch konstruiert und baut, gründet meist mehr oder weniger offensichtlich auf derselben Architektur: Ein «denkendes Gehirn» steuert die «ausführenden Organe». Auch unsere Gesellschaften sind nach diesem Muster aufgebaut.

Doch glücklicherweise geht man seit einigen Jahren bei der Planung und Produktion neuer Materialien und Geräte immer öfter von einem neuen Ansatz aus: der sogenannten Bioinspiration. Sie lässt sich bei der Entwicklung technischer Lösungen von der Natur anregen. Allerdings ist das gar nicht so neu: Schon Leonardo da Vinci (1452–1519) griff häufig darauf zurück. So etwa bei seinem «Ritterautomaten» von 1495, dem ersten humanoiden Roboter. Wie man Leonardos Notizen im *Codex atlanticus* und anderswo entnehmen kann, konnte der Automat aufstehen,

Das Bühnenbild von *Rossum's Universal Robots*. Das Science-Fiction-Stück wurde 1921 in Prag ufgeführt.

Das Büro von Domin, dem Demiurgen und Protagonisten des Stücks, in einer Zeichnung von Vlastislav Hofman.

Kopf und Arme bewegen, den Mund öffnen und Laute hervorbringen. Der Ritterautomat war höchstwahrscheinlich für ein pompöses Fest am Mailänder Hof der Sforza bestimmt. Auf jeden Fall aber war er von der Natur inspiriert und basierte auf Leonardos anatomischen Studien, wie etwa der berühmten Feder- und Tuschezeichnung *Der vitruvianische Mensch*.

Die Bioinspiration hat also in der Roboterentwicklung für frischen Wind gesorgt. Und mittlerweile dient nicht nur der Mensch als Vorbild. In der Tierwelt nach Lösungen zu suchen, die man erforschen und nachahmen kann, ist zu einer wahren Goldgrube geworden. Seit einigen Jahren experimentiert man zunehmend mit Animaloiden und Insektoiden, ja selbst Roboter, die Salamander, Esel oder sogar Kraken nachahmen, scheinen vielversprechend. Wenn ein Unterwasserroboter Gegenstände greifen und bewegen soll, ist es zweifellos klug, sich an den intelligenten Oktopustentakeln zu orientieren. Und für einen Amphibienroboter, der problemlos zwischen Wasser und Land wechseln soll, kann man wohl kein besseres Vorbild als den Salamander wählen. Doch scheint sich die Bioinspiration bisher völlig auf das Tierreich zu beschränken. Und was ist mit den Pflanzen? Tja. Offenbar glaubt keiner, dass sie hier eine große Rolle spielen könnten.

Ich sehe das allerdings anders. Meiner Meinung nach gibt es viele gute Gründe, sich bei technologischen Entwicklungen am Pflanzenreich zu orientieren. Pflanzen haben einen sehr geringen Energiebedarf, führen passive Bewegungen aus, sind modular aufgebaut, besitzen – im Gegensatz zur zentralisierten tierischen Intelligenz – eine verteilte Intelligenz und verhalten sich wie Kolonien. Wer nach etwas Robustem, energetisch Nachhaltigem und unglaublich Anpassungsfähigem sucht, wird auf unserer Erde kein besseres Vorbild als die Pflanzen finden.

Warum ausgerechnet die Pflanzen?

Nun denken Sie vielleicht: «Das meint der doch nicht ernst? Roboter, die sich Pflanzen zum Vorbild nehmen? Wozu das denn?» Fassen wir noch mal zusammen: Pflanzen sind mehrzellige, eukaryotische Organismen, die Fotosynthese betreiben und, von wenigen Ausnahmen abgesehen, aus einem oberirdischen Teil und einem Wurzelapparat bestehen. Weil sie ortsgebunden sind und sich notgedrungen an die wechselhaften Umweltbedingungen vor Ort anpassen müssen, haben sie die Fähigkeit entwickelt, sich wachsend in eine geeignete Richtung zu bewegen, sind also außergewöhnlich flexibel.

Bekanntlich fasst man die pflanzlichen Bewegungen unter dem Begriff Tropismus zusammen: Das deutliche Richtungswachstum der pflanzlichen Organe, insbesondere der Wurzeln, ist eine Reaktion auf Umweltreize wie Licht (Fototropismus), Schwerkraft (Gravitropismus), Berührung (Thigmotropismus), Feuchtigkeitsdifferenzen (Hydrotropismus), Sauerstoff (Aerotropismus) oder elektrische Felder (Elektrotropismus).

Neben diesen allgemein bekannten Tropismen kennen wir dank der Forschung an meinem Institut seit Kurzem auch den Phonotropismus, das von einer Lautquelle gesteuerte Pflanzenwachstum. Die Pflanze kann mithilfe der verschiedenen Tropismen in einer feindlichen Umgebung überleben und mit ihren Wurzeln, die für Nahrung und Stabilität sorgen, den Boden besiedeln. Häufig übertrifft der Wurzelstock hinsichtlich Masse und Länge sogar die Baumkrone, und manchmal erreicht er geradezu unvorstellbare Ausmaße.

Und um die Absorptionsfläche der Wurzeln noch erheblich zu erhöhen, bedient sich die Pflanze desselben Tricks wie Dido, die mythische Gründerin von Karthago. Wie die Sage zu berichten weiß, versprach der Numidierherrscher Iarbas der Königin nach ihrer Flucht aus Tyros so viel Land, wie sie mit einer Kuhhaut bedecken konnte. Offenbar wollte er sie hereinlegen. Doch Dido wusste sich zu helfen: Sie schnitt die Kuhhaut in sehr schmale Streifen, legte diese aneinander und steckte so den Hügel ab, auf dem dann Karthago entstehen sollte. Analog dazu kommt eine Weizenpflanze durch die Gesamtlänge ihrer Wurzelhaare auf ein Längenwachstum von über 20 Kilometer – obwohl sämtliche Wurzelhaare in ein einziges Würfelchen von 1,5 Zentimeter Kantenlänge passen würden.

Doch die Wurzelspitzen besitzen noch eine andere grundlegende Eigenschaft: Sie können sich durch extrem festes Material bohren. Obwohl sie so zart und zerbrechlich wirken, entfalten sie außergewöhnliche Druckkräfte und bringen durch Zellteilung und Zellvergrößerung selbst hartes Gestein zum Bersten. Die Wurzel kann nämlich nur wachsen, wenn Poren oder Risse im Boden größer sind als die Wurzelspitze. Ihre Kraft verdankt die Wurzelspitze dem Wasser, das ihre Zellen von innen her anschwellen lässt: Weil durch das osmotische Potenzial der Wurzel eine Potenzialdifferenz entsteht, dringt Wasser in die Zellen ein. Die Zellen schwellen an, und die Zellmembran drückt gegen die feste Zellwand. Je nach Pflanzenart können dabei Druckkräfte von einem bis drei Megapascal entstehen. Und so können sich Wurzeln selbst durch hartes Material wie Asphalt, Beton oder sogar Granit bohren.

Die Individualität der Pflanzen

Es gibt noch eine weitere wenig bekannte Eigenschaft der Pflanzen, von der sich die Roboterentwicklung inspirieren lassen könnte: Pflanzen sind modular und repetitiv aufgebaut. So besteht ein Baum aus sich wiederholenden Modulen, aus denen sich erst seine Gesamtarchitektur und Physiologie ergeben. Das ist etwas völlig anderes als im Tierreich. Eigentlich kann man bei Pflanzen nämlich noch nicht einmal von Individuen sprechen. Das mag seltsam klingen, aber schauen wir einmal genauer hin. Den Begriff «Individuum» kann man mindestens auf zweierlei Weise definieren:

Etymologisch:
Ein Individuum ist eine biologische Einheit, die sich nicht weiter teilen lässt, ohne dass dadurch mindestens ein Teil stirbt.

Genetisch:
Ein Individuum ist eine biologische Einheit mit einem räumlich und zeitlich stabilen Genom. Räumlich, weil das Genom in allen Zellen identisch ist, und zeitlich, weil es über die gesamte Lebensdauer beständig bleibt.

Wie sich schnell zeigt, treffen beide Definitionen auf die meisten Pflanzen eigentlich nicht zu. Betrachten wir zunächst die etymologische Definition: Wenn man eine Pflanze teilt, dann vermehrt sie sich. So schrieb schon der französische Naturwissenschaftler Jean-Henri Fabre (1823–1915): «Bei Tieren bedeutet Teilen in den meisten Fällen töten, bei den Pflanzen aber vermehren.» Das leuchtet nicht nur jedem Biologen sofort ein, sondern wohl auch jedem Hobbygärtner, denn die Vermehrung durch Stecklinge oder Pfropfung macht sich genau das zunutze.

Aber auch die genetische Stabilität der zweiten Definition scheint für die Pflanzen kein Muss. Obwohl das Genom selbst bei den winzigsten Tieren in allen Zellen und lebenslang stabil bleibt, gilt das für die Pflanzen offenbar nicht. Wer sich schon einmal mit der Knospenmutation von Obstbäumen beschäftigt hat, weiß das. In der langen Geschichte des Obstanbaus wurden nämlich immer wieder «mutierte» Äste mit interessanten Früchten entdeckt. Das zeigt sich unter anderem an den Obstsorten, die daraus entstanden sind: So verdanken wir die Nektarinen wohl der Knospenmutation eines Pfirsichbaums und die Pinot-Grigio-Traube der Knospenmutation einer Pinot-Nero-Traube.

Zudem zeugen die faszinierenden Schimären davon, dass ein und dieselbe Pflanze unterschiedliche Genome besitzen kann. Pflanzen, die durch Pfropfung entstehen, setzen sich – wie die Schimären der griechischen Mythologie – aus unterschiedlichen Teilen zusammen. Auch bei den zahlreichen «bizarren» Sorten, beispielsweise von Apfelsine oder Traube, wird diese pflanzliche Eigenheit augenfällig. Hier darf die berühmte *Citrus x aurantium bizzarria* nicht unerwähnt bleiben, eine äußerst seltene Zitruspflanze,

Die berühmte *Citrus x aurantium bizzarria* gehört zu den zahlreichen Zitrusfrucht-Schimären. Heute kann man sie in der Villa Medici in Castello oder im Boboli-Garten in Florenz bewundern.

deren Früchte unregelmäßig verteilte Merkmale von Bitterorange und Zitronatzitrone aufweisen. Sie wurde erstmals 1674 von Pietro Nati, dem damaligen Direktor des Botanischen Gartens von Pisa, beschrieben und war lange Zeit das Paradestück der Medici-Sammlungen. Aber dann galt sie als ausgestorben und wurde erst in den 1960er-Jahren «wiederentdeckt». Über solche Kuriositäten hinaus finden sich ähnliche genetische Abweichungen bei allen alten Bäumen.

Kurzum, eine Pflanze kann man eigentlich nicht als «Individuum» bezeichnen. Schon am Ende des 18. Jahrhunderts tauchte daher die Vorstellung auf, Pflanzen seien eher wie Kolonien, die aus identischen, sich wiederholenden Elementen bestehen. So schrieb Johann Wolfgang von Goethe

Jeder Baum lässt sich als eine Kolonie sich wiederholender architektonischer Module beschreiben.

(1749–1832), der nicht nur ein großer Dichter, sondern auch ein genialer Botaniker war, im Jahr 1790: «Die Seitenzweige also welche aus den Knoten der Pflanzen entspringen, lassen sich als besondere Pflänzchen, welche eben so auf dem Mutterkörper stehen wie dieser an der Erde befestigt ist, betrachten.» Goethes Gedanke wurde dann 1800 von Erasmus Darwin (1731–1802), dem Großvater des berühmten englischen Naturwissenschaftlers Charles Darwin (1809–1882), aufgegriffen: «Die Knospe eines Baums ist eine eigene Pflanze; ein Baum ist darum eine Familie, die aus mehreren Pflanzen besteht.» Schließlich ergänzte sein Enkel Charles 1839: «So überraschend die Verbindung separater Individuen in einem gemeinsamen Strunk stets erscheint, zeigt doch jeder Baum das gleiche Faktum, denn Knospen müssen als individuelle Pflanzen betrachtet werden. (…) Wir können die Polypen bei einem Zoophyten oder die Knospen an einem Baum als Fälle betrachten, bei denen die Teilung des Individuums nicht vollständig durchgeführt worden ist.» Und der Botaniker Alexander Braun (1805–1877) schrieb 1855: «Schon das bloße Naturgefühl erweckt bei der Betrachtung des meist verzweigten Pflanzenstocks, namentlich eines Baums (…), die Ahnung, dass dies nicht ein Einzelwesen und Einzelleben sei, dem Individuum des Thiers oder des Menschen gleichzusetzen, sondern vielmehr eine Welt vereinter Individuen.»

Die Vorstellung von der «Pflanze als Kolonie» wird also schon seit Langem und von berühmter Seite unterstützt. Sie impliziert zudem, und das dürfte für die Roboterentwicklung von besonderem Interesse sein, eine längere Lebensdauer: Eine Kolonie lebt länger als ihre Teile. Ein Polyp lebt nur wenige Monate, aber die Koralle, die ihn beherbergt, potenziell ewig. Ähnlich ist es mit den Bäumen: Obwohl ihre Grundbausteine nur eine kurze Lebensdauer haben, könnte die Kolonie, der Baum, theoretisch ewig leben.

Wobei zu ergänzen ist, dass nicht nur der oberirdische Pflanzenteil, sondern auch der Wurzelstock modular und repetitiv aufgebaut ist. Jede einzelne Wurzel verfügt über eine autonome Kommandozentrale, die die Bewegungsrichtung vorgibt, kooperiert aber zugleich, wie für Kolonien typisch, mit allen anderen Wurzelspitzen, wenn es allgemeine Probleme zu meistern gilt. Die dezentral organisierte Intelligenz der Pflanzen – das einfache, funktionale System, dank dem sie effizient auf Umweltherausforderungen reagieren können – zeugt eindeutig davon, dass sie eine enorme evolutionäre Entwicklung hinter sich haben.

Von Pflanzen inspiriert: Der Plantoid

Es gibt also, wie wir gesehen haben, viele gute Gründe, sich bei der Roboterentwicklung von den Pflanzen inspirieren zu lassen. Davon war ich jedenfalls felsenfest überzeugt, als 2003 die Idee in mir reifte, einen Plantoiden zu entwickeln. Die ungeahnten Möglichkeiten, die sich dem Roboterbau durch das Pflanzenvorbild eröffnen würden, begeisterten mich, und der Begriff «Plantoid», in Anlehnung an «Android», schien mir für meine Idee mehr als passend. Ich malte mir aus, wo sich die Plantoiden überall als nützlich erweisen konnten, ob in der Bodenerkundung oder der Weltraumforschung, wusste allerdings auch, wie begrenzt meine Roboterkenntnisse waren und sind. Aus meiner

Plantoiden auf einer Fotomontage. Die von Pflanzen inspirierten Roboter sind für alle Arten von Bodenerkundungen geeignet, ob für die Suche nach Ressourcen oder nach Giften.

Idee konnte nichts werden, wenn ich sie allein weiterentwickelte, das war mir klar, und ich sah meinen Traum schon, wie viele wissenschaftliche Ideen, in irgendeiner Schublade verstauben.

Glücklicherweise kam es anders. Damals erzählte ich jedem von der Idee, der mir irgendwie zu nahe kam – wenn mich etwas wirklich interessiert, neige ich leider zur Monomanie –, und eines Tages lief mir genau die Richtige über den Weg, die Frau, mit der mein spannender, aber bislang eher theoretischer Traum doch noch wahr werden konnte. Schon 2003, bei unserer ersten Begegnung, war Barbara Mazzolai, heute Leiterin des Zentrums für Mikrobiorobotik am IIT (Italienisches Institut für Technologie mit Sitz in Pisa), eine herausragende Forscherin im Bereich Robotertechnologie – und durch ihr Studium außerdem in der Biologie bewandert. Mit ihr über Roboter und Pflanzen zu reden, ergab sich sozusagen von selbst. Barbara war von der Idee eines Plantoiden fasziniert, und je öfter wir darüber sprachen, desto überzeugter wurden wir, dass sich die Idee auch verwirklichen ließ. Zweifellos würde es viele technische Probleme geben, aber keine unlösbaren. Wir waren uns sicher: Der Plantoid musste einfach das Licht der Welt erblicken.

Die Entwicklung eines Roboters, der wirklich funktionstüchtig und mehr als ein mechanisches Spielzeug ist, erfordert viel Zeit, Arbeit und Geld, umso mehr, wenn es sich um ein völlig neues Konzept handelt. Wie alle begeisterten Forscher waren wir bereit, Zeit und Arbeit in das Projekt zu stecken, aber mit unserem Geld wären wir, bei aller Liebe, nicht weit gekommen. (Informieren Sie sich mal, wie viel ein Forscher in Italien verdient; ich schäme mich, es zu sagen.) Wir mussten also eine Institution oder Stiftung finden, die das Projekt als Partner fördern würde.

Und das sollte sich als äußerst schwierig und zeitraubend erweisen. Die Argumente und Baupläne, die nach unserer Meinung stichhaltig, solide und makellos waren, ließen unsere Gesprächspartner vollkommen kalt. Auch diesmal war es, wie so oft, schwierig, Menschen von der Leistungsfähigkeit der Pflanzen zu überzeugen, die in diesen eher Gartenschmuck sehen, Organismen an der Grenze zur unbelebten Welt.

Und noch schwieriger war es, potenzielle Geldgeber davon zu überzeugen, dass das pflanzliche Vorbild eine völlig neue Robotergeneration ermöglichen würde. Meiner

Ansicht nach – und ich hoffe, bald auch nach der meiner Leser – sprachen wir hier über einen hochinteressanten Ansatz mit spannenden Herausforderungen, doch die Wachhunde an den Geldtöpfen sahen das eindeutig anders. Sie konnten der Idee nichts abgewinnen und vermissten einen konkreten Nutzen. Und wenn man gegen die sogenannte «Vorsicht» dieser Leute, die ich allerdings eher als Mangel an Fantasie bezeichnen würde, anrennt, dann hat man meistens schon verloren.

Aber wer für ein visionäres Projekt Geld auftreiben will, darf nicht verzagen: Wenn man wirklich an seine Idee glaubt, wird irgendwann jemand auftauchen, der sich von der eigenen Begeisterung anstecken lässt. In unserem Fall war das Ariadna, eine Initiative des Teams für Fortschrittliche Konzepte (Advanced Concepts Team, ACT) der Europäischen Weltraumorganisation ESA. Wir konnten das Team von unseren Argumenten für einen bioinspirierten Weltraumroboter überzeugen, und man finanzierte uns unverzüglich eine Machbarkeitsstudie. Die Mittel dafür waren begrenzt, und wir konnten damit nichts bauen, aber die Studie half uns, unsere Ideen zu präzisieren und mögliche Probleme beim Bau des Plantoiden zu identifizieren. Wir präsentierten der ESA am Ende ein Dokument mit dem vielversprechenden Titel *Bio-inspiration from plants' roots* (Pflanzenwurzeln als Bioinspiration), in dem die Pläne für den Plantoiden und mögliche Weltraumeinsätze, besonders auf dem Mars, ausführlich erläutert sind und das sich übrigens noch immer im Internet findet.

Unsere Grundidee war simpel: Weil Pflanzen per se Pioniere sind, müssen wir ihre Überlebensstrategien erforschen und nachbilden, wenn wir einen Plantoiden bauen wollen, der in feindlicher Umgebung überlebensfähiger ist als andere Roboter. Und welche Umgebung wäre feindlicher als der Weltraum, etwa der Mars? Das Projekt sah vor, unzählige etwa 10 Zentimeter große Plantoiden in die Marsatmosphäre zu bringen und dort auszusetzen. Sie sollten sich auf dem Mars verteilen und ihre Wurzeln in den Boden graben. So konnten sie den Boden erkunden, während der Roboter durch Fotovoltaikzellen in den oberirdischen Scheinblättern unbegrenzt mit Strom versorgt wurde. Unser Projekt bedeutete eine völlige Umkehrung des Ansatzes, mit dem man die Marserkundung bisher in Angriff genommen hatte. Wir würden keine teuren Roboter ins All

Der erste Plantoid-Prototyp, der im Rahmen des europäischen FET-Projekts gebaut wurde, kann seine Wurzelspitzen in den Boden wachsen lassen.

schicken, die im Schneckentempo ein winziges Gebiet erkundeten, sondern Tausende von Plantoiden, die sich wie Samenkörner in der Atmosphäre ausbreiteten und über ein großes Gebiet verteilten, die untereinander und mit der Erde kommunizierten und uns so, ohne sich fortzubewegen, unzählige präzise Bodendaten zur Erstellung verlässlicher Landkarten senden würden.

Nach der Machbarkeitsstudie für die ESA geriet das Projekt allerdings wieder ins Stocken, und jahrelang wollte sich niemand finden, der es finanzierte. Doch 2011 bewarben Barbara und ich uns um eine Förderung der Europäischen Union, mit der «visionäre», also hochriskante, aber auch hochinnovative Projekte ausgezeichnet werden. Die FET-Initiative (Future and Emerging Technologies) war und ist die wichtigste Arena für alle bahnbrechenden europäischen Technologieprojekte. Hier treten sie gegeneinander an und kämpfen um eine ausreichende Finanzierung. Zu unserer großen Überraschung erhielt unsere Bewerbung mit dem Titel *Plantoid. Innovative robotic artefacts inspired by plant roots for soil monitoring* eine Bewertung von 15/15. Besser ging es nicht! Und wir erhielten endlich eine Finanzierung, mit der wir unseren ersten Plantoiden bauen konnten.

Die nächsten drei Jahre verbrachten wir mit der Planung, Entwicklung und schließlich dem Bau der zahlreichen Module des Plantoiden. Jeder Schritt stellte uns vor Herausforderungen. Als eine der größten Hürden für Barbaras Forschungsinstitut erwies sich die Nachbildung des Wurzelwachstums. Keine leichte Aufgabe; noch heute gehören selbstwachsende Mechanismen zu den großen Herausforderungen der Robotertechnik.

Den Wachstums- und Bewegungsprozessen der Wurzeln liegen hauptsächlich zwei Mechanismen zugrunde: die Zellteilung im Apikalmeristem, unmittelbar unter der Wurzelspitze, und die Zellvergrößerung im dahinterliegenden sogenannten Streckungsbereich. Beim Bau der Roboter-Wurzelspitzen ahmten wir beide Mechanismen mithilfe eines Kunststofftanks nach, der das Wachstum der Roboterwurzel vorantrieb. Unsere Roboter-Wurzelspitze bildete zudem die sensorischen Fähigkeiten der Wurzel nach: Mit einem Beschleunigungssensor folgte sie der Schwerkraftrichtung, mit einem Feuchtigkeitssensor spürte sie geringste Wasserdifferenzen auf; verschiedene chemische Sensoren sowie Osmose-Aktoren verwandelten osmotischen Druck in Bewegung und gewährleisteten die richtige Ausrichtung und das Eindringen in den Boden, und eine der verteilten Wurzelintelligenz nachempfundene Mikrosteuerung verwaltete sämtliche Sensordaten. Als die Roboterwurzeln unseres Plantoiden schließlich fertig waren, mussten wir noch die Blätter bauen. Sie stellten uns allerdings vor weniger Probleme. Wir bildeten den Fotosyntheseprozess einfach durch Fotovoltaikzellen nach, die den nötigen Betriebsstrom für alle Funktionen erzeugten.

Weil der Plantoide sich, analog zur Anpassungsstrategie der Pflanze, äußerst langsam bewegt, kann er seine Umgebung effizient erforschen und sich an die vorgefundenen Bedingungen anpassen. Dank neuartiger Osmose-Aktoren können die Wurzelspitzen wachsen und ihre Lage im Boden verändern. Dabei kommunizieren sie mit allen anderen Wurzelspitzen und erfassen auch deren Daten. Sie arbeiten also mit der pflanzentypischen Strategie der verteilten Intelligenz.

Heute sind Plantoiden Wirklichkeit und können in verschiedenen Bereichen eingesetzt werden: bei radioaktiver und chemischer Verseuchung, Terrorangriffen, der Kartierung von Minenfeldern, in der Weltraumforschung, bei Mineralien- oder Erdölsuche, speziellen Urbarmachungen oder in der Landwirtschaft 2.0. Barbara arbeitet bis heute an Verbesserungen und Spezialausstattungen für Plantoiden. Wir sind schließlich noch ganz am Anfang unseres spannenden Weges. Doch mittlerweile betrachten immer mehr Menschen Pflanzen als ein vielversprechendes Vorbild, dessen Nachahmung uns neue technologische Möglichkeiten eröffnet. Und ich wünsche mir oder bin mir eigentlich sicher, dass sich schon bald friedliche Plantoiden um unsere Gärten und Fabriken kümmern werden.

///

3 DIE RAFFINIERTE KUNST DER NACHAHMUNG

Die Pflanzen der Gattung *Lithops* sind unter dem Namen «Lebende Steine» bekannt. Sie wachsen in den Trockenzonen Südafrikas und Namibias.

Die Nachahmung des Schönen der Natur
ist entweder auf einen einzelnen Vorwurf gerichtet,
oder sie sammelt die Bemerkungen aus verschiedenen einzelnen,
und bringet sie in eins.

Johann Winckelmann, *Gedanken über die Nachahmung*

Vorbild, Nachahmer und Empfänger

Wenn es um Nachahmung in der Natur geht, werden immer wieder dieselben Tiere genannt: Chamäleon, Mittelmeerstabschrecke, Gottesanbeterin, bestimmte Schmetterlinge, Raupen, Fische wie die Scholle, Oktopusse … Dabei sind Pflanzen in puncto Mimese und Mimikry keineswegs weniger skrupellos und häufig sogar noch erheblich raffinierter.

Es gibt in der Natur verschiedene Formen der Nachahmung. Wir meinen in der Regel zwei: Mimese oder Tarnung, bei der der Nachahmer seinen Lebensraum imitiert, um ungesehen zu bleiben, und Mimikry oder Warnung, bei der ein potenziell gefährliches oder gefürchtetes Lebewesen in Verhalten, Form oder Farbe imitiert wird. Aber eigentlich umfasst die Nachahmung noch viele weitere und vielfältigere Phänomene. Weil das für unser Thema von Bedeutung ist, möchte ich es näher erläutern und zunächst ein wenig abschweifen.

Jedes Lebewesen ist unabhängig von seiner Komplexität gezwungen, seine innere Organisation zu erhalten, die von Natur aus zur Auflösung und Unordnung strebt. Dazu muss es unter anderem auswählen und Entscheidungen treffen. Es muss beispielsweise aus einem Substrat die rich-

Je mehr ich die Natur studire, desto mehr werde ich von der immer zunehmenden Überzeugung durchdrungen, dass die schönsten Einrichtungen und Anpassungen, welche jedem in verschiedener Richtung zufällig variirenden Organe dadurch zu Theil geworden, dass natürliche Züchtung diejenigen dieser Abänderungen, welche dem Organismus in dem bestandigen Wechsel der äusseren Lebensbedingungen nützlich seyn konnten, beibehalten und admissirt hat, in unvergleichlich hohem Grade alles übersteigen, was sich die fruchtbarste Einbildungskraft irgendeines Menschen als Ergebniss während einer unbegrenzten Zeitdauer nur vorstellen kann.

Charles Darwin, *Über die Einrichtungen zur Befruchtung Britischer und Ausländischer Orchideen Durch Insekten und Über die Günstigen Erfolge der Wechselbefruchtung*

tigen Nährstoffmoleküle auswählen, Feinde von Freunden unterscheiden oder je nach Ressourcenlage wachsen oder schrumpfen. Jeder Organismus ist ein offenes System, das Informationen aussendet und empfängt. Alle Lebewesen tauschen demnach mit ihrer Umwelt überlebenswichtige Daten aus. Und das heißt: Kommunikation ist für alle Lebewesen unerlässlich. Selbst der simpelste Organismus kann das sensible Gleichgewicht, das Leben letztendlich ausmacht, nur mithilfe von Kommunikation erhalten.

Jedes Lebewesen muss also jederzeit in der Lage sein, Objekte, Mitglieder der eigenen Art, Gefahren und so weiter zu erkennen. In bestimmten Momenten seines Lebens muss es unweigerlich mit anderen interagieren, also Botschaften senden oder empfangen.

Wenn ein Lebewesen ein visuelles, olfaktorisches, akustisches oder sonstiges Signal aussendet, um das Verhalten eines anderen Lebewesens in seinem Sinne zu beeinflussen, bewegen wir uns schon im Bereich der Nachahmung. Um von Nachahmung sprechen zu können, muss es also ein Vorbild geben (einen Organismus, der das Signal ursprünglich hervorbringt), einen Nachahmer (der davon profitiert, das Signal des Vorbilds nachzuahmen) und einen Empfänger (der im Sinne des Nachahmers auf die Botschaft reagiert).

Die Königin der Mimikry, *Boquila trifoliolata*, und die Augen der Pflanzen

Wie gesagt, zeigt sich die Kunst der Nachahmung, zumindest meiner Meinung nach, in der Pflanzenwelt noch in wesentlich raffinierteren und virtuoseren Formen als in der Tierwelt. Doch die ausgefeilten Nachahmungsfähigkeiten der Pflanzen sind auch noch in anderer Hinsicht interessant. Wenn man sich näher damit beschäftigt, erkennt man nämlich, dass die Pflanzen unerwartete sensorische Fähigkeiten besitzen. Das wird etwa an der außergewöhnlichen Nachahmungsfähigkeit von *Boquila trifoliolata* deutlich.

Sie ist sozusagen der Zelig der Pflanzenwelt und mit Sicherheit der ungewöhnlichste Nachahmer der Natur. Die Kletterpflanze wächst in klimatisch gemäßigten Waldgebieten Chiles und Argentiniens und ist die einzige Art ihrer Gattung. Sie ist relativ weit verbreitet, hat daher in Chile viele Namen (*Pilpil, Voqui, Voquicillo, Voquillo, Voqui blanco*) und bringt genießbare Beeren hervor. Doch obwohl Hunderte von Biologen, ob Experten oder Pflanzenliebhaber, die seit Langem bekannte Art gründlich erforscht und in ihrem ursprünglichen Habitat beobachtet haben, ist erst vor wenigen Jahren jemandem aufgefallen, dass die Pflanze ein unglaublicher Nachahmungskünstler ist.

Der Botaniker Ernesto Gianoli spazierte 2013 durch die südlichen Wälder Chiles und traf zum zigsten Mal in seinem Forscherleben auf ein Exemplar der *Boquila trifoliolata*. Nichts Besonderes also, die Pflanze war schon bestens bekannt und beschrieben, doch plötzlich fiel ihm etwas auf. Man muss dazu wissen, dass ein Botaniker im Wald ähnlich vorgeht wie ein Sammler auf dem Flohmarkt:

Die in den gemäßigten Wäldern Chiles weitverbreitete
Boquila trifoliolata ist eine unglaubliche Nachahmungskünstlerin.
Das Bild zeigt ihre normalen Blätter.

Mit all seinen Sinnen in Habtachtstellung hofft er auf das eine besondere Stück, das alle anderen übersehen haben. Wenn er in der Hoffnung auf eine noch unentdeckte Art durch die Wälder streift, hält er Ausschau nach den verborgensten Kleinigkeiten, nach winzigen Abweichungen in Form und Farbe, nach irgendetwas, das eine Pflanze zu etwas Besonderem machen könnte. Das können selbst Nebensächlichkeiten sein. Und als Ernesto Gianoli an diesem Tag einen in dieser Gegend häufigen Busch betrachtet, fällt ihm auf, dass die Blätter ein wenig anders aussehen als erwartet. Er schaut genauer hin und stellt fest, dass die Blätter gar nicht zu dem Busch gehören, sondern zu der Kletterpflanze, die auf ihm wächst. Die Kletterpflanze, das sieht er sofort, ist eine waschechte *Boquila trifoliolata,* aber ihre Blätter sehen nicht aus, wie sie seiner Erinnerung nach aussehen müssten. Sie ähneln überraschenderweise den Blättern des Strauchs, den sie erklommen hat.

In der Hoffnung, vielleicht noch ein ähnliches Exemplar zu entdecken, schaut Gianoli sich um. Und was er sieht, macht ihn sprachlos: Offenbar ahmt *Boquila trifoliolata* äußerst geschickt verschiedenste Blätter ihrer «Wirts»-Büsche und -Sträucher nach. Sie kann scheinbar problemlos die unterschiedlichsten Blätter nachbilden. Das schafft, soweit Gianoli weiß, keine andere Pflanze; selbst die Meisternachahmer unter den Pflanzen, die Orchideen, können nur eine einzige Art imitieren und höchstens Blüten hervorbringen, die denen mehrerer Arten ähneln. Die Nachahmung unterschiedlicher Vorbilder war bislang dem Tierreich vorbehalten. Elektrisiert von seiner Entdeckung, aber auch ein wenig skeptisch, startet Gianoli mit seinem Studenten Fernando Carrasco-Urra eine lange Versuchsreihe, um seine Entdeckung zweifelsfrei zu belegen. Denn es würde wohl nicht leicht werden, die wissenschaftliche Community davon zu überzeugen, dass eine Pflanze Maße, Form und Farbe völlig unterschiedlicher Arten nachahmen kann. Doch das Ergebnis sollte am Ende noch verblüffender sein als gedacht.

Boquila kann nicht nur die Blätter der zahlreichen Arten nachahmen, an denen sie emporklettert. Wenn sie neben zwei oder sogar drei unterschiedlichen Arten wächst, kann sie jeweils die Blätter der am nächsten stehenden Nachbarpflanze imitieren. Ein und dasselbe Exemplar kann also Maße und Farbe seiner Blätter, je nach Nachbarpflanze, *wiederholt* verändern. Die Entdeckung von Gianoli und Carrasco-Urra sollte weitreichende Folgen haben. Wenn eine Pflanze ihre Blätter nämlich derart flexibel variieren kann, dann muss ihre Genexpression auf bislang völlig undenkbare Weise modifizierbar sein.

Dass es sich bei *Boquila trifoliolata* um eine außergewöhnliche Nachahmungskünstlerin handelt, ist wohl deutlich geworden. Ich bin auf dem Gebiet zwar kein Fachmann, und es ist schwer, sich wirklich einen Überblick über die zahllosen Formen der Nachahmung zu verschaffen, die sich im Lauf der Evolution herausgebildet haben, aber ich glaube mit ziemlicher Sicherheit sagen zu können, dass dies in der Natur der einzige Fall ist, bei dem ein Lebewesen Gestalt, Maß und Farbe gleichzeitig verändert. Relativ häufig wird eins dieser Merkmale, meistens die Farbe, imitiert und manchmal auch zwei, aber dass drei Merkmale gleichzeitig nachgeahmt werden, wäre auch für die Tierwelt neu.

Wie wir am Anfang des Kapitels festgestellt haben, muss der Nachahmer, in unserem Fall *Boquila trifoliolata*, aus der Nachahmung einen Nutzen ziehen. Welchen Nutzen kann die Nachbildung der Wirtsblätter für eine Pflanze haben? Sie könnte sich damit vor Schädlingen schützen. Wenn *Boquila* etwa die Blätter giftiger Pflanzen nachahmt, die von pflanzenfressenden Insekten gemieden wären, könnte sie von der Verwechslung profitieren. Diese Art der Nachahmung nennt man nach dem englischen Naturwissenschaftler Henry Walter Bates (1825–1892) Bates'sche Mimikry. Hierbei tritt sozusagen das Schaf im Wolfspelz auf. Die Bates'sche Mimikry ist in der Pflanzenwelt relativ häufig. So können beispielsweise bestimmte Lippenblütler wie die Weiße Taubnessel (*Lamium album*) oder der Wald-Ziest (*Stachys sylvatica*) nahezu perfekt Brennnesselblätter imitieren, um sich vor Pflanzenfressern zu schützen. Ein zweiter, einfacherer – und laut dem berühmten Ockham'schen Sparsamkeitsprinzip damit vorzuziehender – Grund für die Nachahmung von *Boquila trifoliolata* könnte sein, dass für sie dadurch die statistische Wahrscheinlichkeit sinkt, von pflanzenfressenden Insekten angegriffen zu werden. Weil der Wirt wesentlich mehr Blätter hat als sie, würde er bei einem Angriff stärker geschädigt als der Nachahmer. Wir wissen leider nicht, welche der beiden Thesen nun stimmt. Wie so häufig, spielen vermutlich mehrere Faktoren eine Rolle.

Wie Ernesto Gianoli berichtet, gelang es *Boquila* manchmal nur unter großen Schwierigkeiten, bestimmte Merkmale, etwa die Zähnung, nachzubilden. Doch sie «gab ihr Bestes» und produzierte zumindest Blätter mit «angedeutetem» gezähnten Rand. Die genaue Beschreibung des Phänomens war für die Forschung allerdings erst der Anfang. Denn bei genauerer Überlegung muss man sich ja nicht nur fragen, wie *Boquila* sich so schnell verwandeln kann, sondern vor allem, woher sie überhaupt weiß, was genau

Links: Der Wald-Ziest (*Stachys sylvatica*) ahmt Brennnesselblätter täuschend echt nach.

Rechts: Blätter und Stiele der Brennnessel (*Urtica dioica*) sind mit einer brennenden Substanz beschichtet, die Fressfeinde abschreckt.

sie nachahmen muss. Die Studie von Ernesto Gianoli und Fernando Carrasco-Urra, in der die ungewöhnliche Mimikry von *Boquila trifoliolata* erstmals beschrieben wird, stellt dazu zwei Thesen auf. Erstens, die Pflanze erkennt ihr Vorbild anhand flüchtiger Stoffe der Wirtspflanze. Da *Boquila* allerdings in einem Gemisch aus flüchtigen Stoffen lebt, die von zig Pflanzen ihrer Umgebung abgegeben werden, aber nur die Nachbarblätter nachahmt, scheidet diese These mit hoher Wahrscheinlichkeit aus. Die zweite These, nach der die Gene der Wirtspflanze durch geheimnisvolle Mikroorganismen auf *Boquila* übertragen werden, scheint allerdings noch unwahrscheinlicher. Kurzum, woher die Königin der Mimikry weiß, was sie nachahmen muss, ist nach wie vor ein Rätsel.

Im September 2016 konnte ich gemeinsam mit meinem hochgeschätzten Freund und Kollegen, Professor František Baluška von der Universität Bonn, mit dem ich ungefähr fünfzig wissenschaftliche Aufsätze verfasst habe, nun eine neue Lösung für die knifflige Frage vorlegen: Wir halten es für denkbar, dass die Pflanze über eine Art Sehvermögen verfügt. Das klingt zunächst vielleicht absurd oder gar nach Science-Fiction, aber ich halte das für die plausibelste Erklärung. Wieso? Das will ich gern erklären.

Schon 1905 hat der berühmte Botaniker Gottlieb Haberlandt (1854–1945) die These aufgestellt und damit nicht nur in der wissenschaftlichen Community Aufsehen erregt, dass Pflanzen mittels der Epidermiszellen Bilder sehen können und somit über eine Art Sehvermögen verfügen. Da die Epidermiszellen häufig wie konvexe Linsen geformt seien, so die These, könnten darüber Bilder auf darunterliegende Zellschichten projiziert werden. Laut Haberlandt funktionieren die Epidermiszellen der Pflanzen wie Ozellen, die einfachen Augen vieler wirbelloser Tiere. Haberlandts These stieß auch bei Francis Darwin (1848–1925), seinerseits renommierter Professor für Pflanzenphysiologie an der Universität Cambridge und Sohn des berühmten Charles Darwin, auf große Zustimmung; er kam im Zusammenhang mit dem pflanzlichen Wahrnehmungsvermögen wiederholt darauf zurück und verwies dabei stets auf ihre wissenschaftliche Fundiertheit.

Auf dem Dubliner Kongress, bei dem Francis Darwin den Pflanzen ganz offen Gedächtnis und Verhalten zugestand – ich habe darüber in meinem Buch *Die Intelligenz der Pflanzen* berichtet –, präsentierte Harold Wager (1862–1929), Mitglied der Royal Society, einem verblüfften

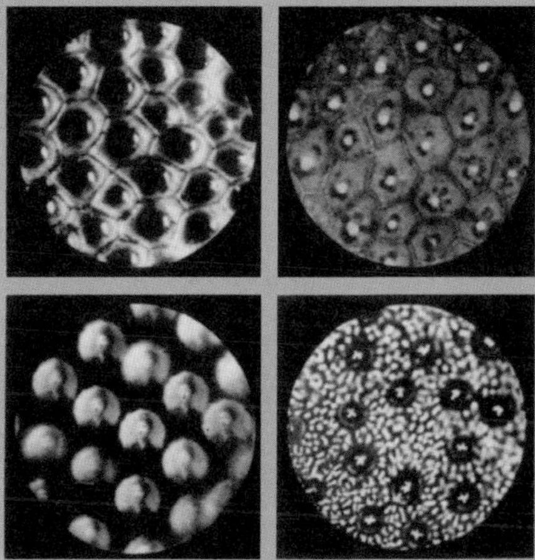

PLANTS HAVE EYES, BOTANIST SHOWS

Prof. Wager Finds Outer Skins of Leaves Are Lenses Much Like Eyes of Insects.

PHOTOGRAPHS WITH THEM

And Pictures of Persons and Landscapes Thus Secured Are Remarkably Clearly Defined.

Special Cable to THE NEW YORK TIMES.

LONDON, Sept. 7.—The interest aroused by the contention made by Francis Darwin, son of the author of "The Origin of Species," in his Presidential address before the British Association in Dublin last week, that plants can remember and can develop habits, has been increased by a paper read to-day by Prof. Harold Wager, the well-known botanist. Prof. Wager declared that plants possess an organism corresponding to the brain in animals, and further demonstrated that they have eyes with which they can see, and see well.

Prof. Wager showed that the outer skins of many leaves are, in fact, lenses, very much like the eyes of many insects, and quite as capable of forming clear images of surrounding objects. This is the case with most leaves, but especially in the case of those that grow in the shade.

These lenses are so good and focus the light that falls on them so carefully that photographs can be taken by means of them. Prof. Wager has taken a great many such photographs, and he showed some of the more remarkable. These included reproductions of a photograph of Darwin, in which the features were distinct and unmistakable, as well as direct photographs of landscapes and people. Even colored photographs were exhibited, and, like the rest, they are remarkably clearly defined.

Not only do these plant eyes see well, but the rays of light which by means of them are focused on the interior of the leaf are carried to the brain of the plant and affect its subsequent movements. It has long been known that the leaves of plants move so that they can get a maximum of light. It is now suggested how this movement is made possible, and the process is almost identical with like movements in the case of animals. A close analysis of the eyes of plants, moreover, proves them highly developed organs.

Als Linse für diese Fotos diente Harold Wager die Epidermis von Pflanzenblättern. Rechts ein Artikel dazu in der «New York Times».

Publikum zudem mehrere Fotografien, bei denen als fotografische Linse Epidermiszellen verschiedener Pflanzen verwendet worden waren. Das Publikum bestaunte die ziemlich detaillierten Personenporträts und Landschaftspanoramen, die zumindest unter rein optischen Gesichtspunkten ein Sehvermögen der Pflanzen plausibel erscheinen ließen. Und was folgte daraus? Nichts. Wie viele andere vor allem botanische Theorien geriet Haberlandts These schon bald in Vergessenheit. Es wurde noch nicht einmal versucht, sie zu beweisen oder zu widerlegen. Vermutlich war das Thema zu abseitig, um sich näher damit zu beschäftigen und Zeit und Geld damit zu «vergeuden».

Haberlandts These fiel dem Vergessen anheim. Im vergangenen Jahrhundert wurde sie in keinem wissenschaftlichen Aufsatz auch nur erwähnt. Doch in den letzten fünf Jahren konnte durch mehrere überraschende wissenschaftliche Entdeckungen stichhaltig belegt werden, dass sogar Einzeller Sehvermögen besitzen, und auf einmal war

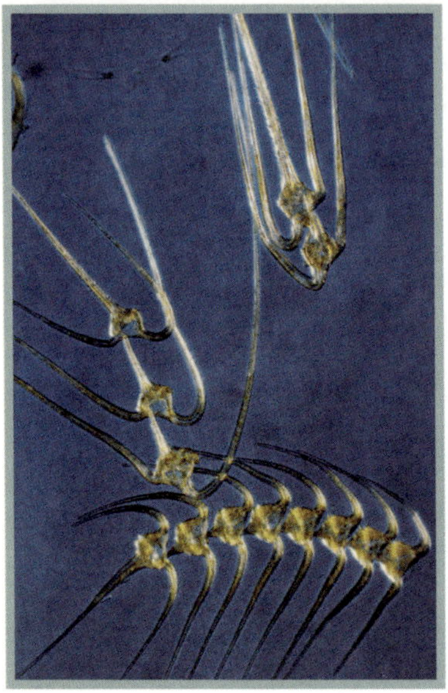

Dinoflagellaten sind mikroskopisch kleine Algen und eine der wichtigsten Phytoplankton-Gruppen. Manche Arten besitzen hochkomplexe Ozellen.

Haberlandts Theorie wieder angesagt. Haberlandts pflanzliches Sehvermögen und seine Ozellen waren plötzlich nicht mehr nur eine interessante alte Theorie, sondern wieder eine ernsthafte Überlegung wert.

Wie gesagt, die plausibelste Erklärung für die Mimikry der *Boquila* ist, dass Pflanzen über ein rudimentäres Sehvermögen verfügen. Sie könnten damit nicht mehr als viele Einzeller auch. Wie eine neuere Studie zeigt, misst etwa das prokaryotische Cyanobakterium *Synechocystis* sp. PCC 6803 nicht nur mithilfe von Fotorezeptoren Intensität und Farbe des Lichts, sondern verwandelt seinen einzelligen Körper auch in eine Mikrolinse und bestimmt so seine Position im Verhältnis zur Lichtquelle. Das Bild der Lichtquelle durchdringt dabei die konvexe Membran, wird auf die Gegenseite projiziert und löst eine Fluchtbewegung aus.

Andere Einzeller wiederum, etwa Dinoflagellaten, komplexere Eukaryoten also, verfügen über ungewöhnlich raffinierte Ozelloide, die ähnlich arbeiten wie Linse und

Retina. Auch viele Wirbellose sind mit Ozelloiden, Ozellen oder einem ganzen Arsenal mehr oder minder komplexer Sehorgane ausgestattet, die völlig anders aufgebaut sind als unsere Augen. Wir denken beim Stichwort Sehvermögen immer sofort an unsere eigenen Augen, doch die Natur kennt zahllose Sehsysteme. Kurzum, vieles spricht dafür, dass auch die Pflanzen oder zumindest einige wie *Boquila trifoliolata* über ein rudimentäres Sehvermögen verfügen.

Und wahrscheinlich möchten Sie jetzt endlich wissen, ob ich mit meiner These richtigliege. Leider müssen Sie sich in diesem Punkt noch ein wenig gedulden, doch nicht mehr lange. Schon in nicht allzu ferner Zukunft wird sich zeigen, ob die These stimmt oder, um es mit Einstein zu sagen, nur eine wunderbare Theorie ist, die leider von der hässlichen Wirklichkeit zerstört wurde.

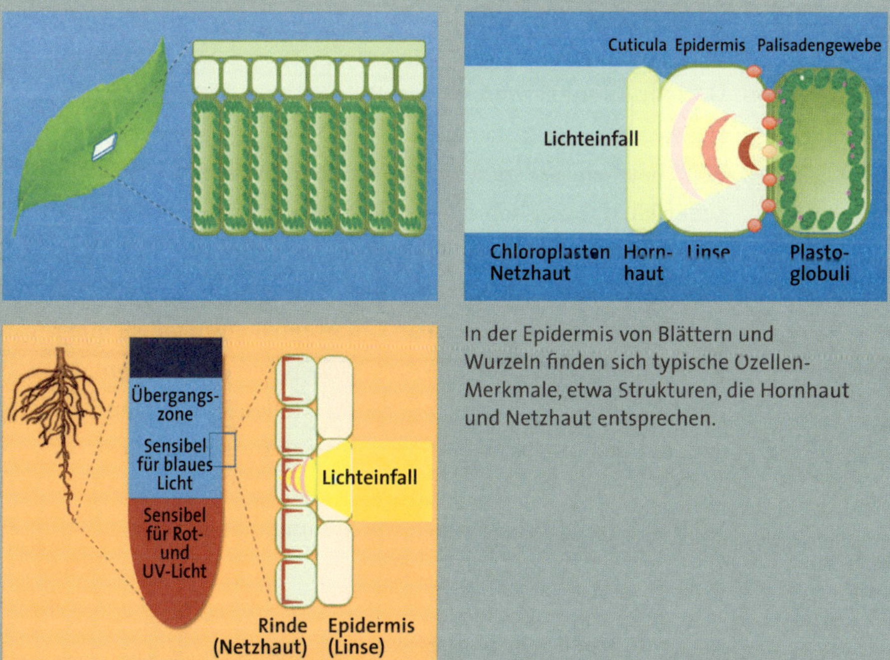

In der Epidermis von Blättern und Wurzeln finden sich typische Ozellen-Merkmale, etwa Strukturen, die Hornhaut und Netzhaut entsprechen.

Pflanzen, Steine und farbige Signale

Überall in der Natur wird nachgeahmt. Und alle Nachahmer sind faszinierend, auch wenn nicht alle so einfallsreich sein mögen wie *Boquila*. Nicht unerwähnt bleiben soll darum die Tarnung der *Lithops*, ein weiteres Musterbeispiel für die mimetische Raffinesse der Pflanzen. Die Gattung der *Lithops* (von griechisch *lithos*, der Stein, und *opsis*, das Aussehen) gehört zur Familie der Mittagsblumengewächse (*Aizoaceae*) und kommt vor allem in den Wüsten Namibias und Südafrikas vor. *Lithops* sehen wie Steine aus, sind dabei aber nicht nur geschickte Nachahmer, sondern auch perfekt an das Leben in der Wüste angepasst.

Lithops sind kleine Sukkulenten und besitzen nur zwei Blätter. Diese sind durch einen Spalt getrennt, aus dem die Blüten wachsen. Mithilfe der beiden Blätter ahmen sie perfekt die Form und Färbung kleiner Steine nach, mit Streifen und Flecken von Grün bis Rostrot oder von Weiß bis Grau und Lila. Wahrscheinlich haben Sie schon mal welche im Gartencenter gesehen, wo sie als «Lebende Steine» angeboten werden. Um in der heißen, trockenen Wüste zu überleben, besitzen sie nur einen rudimentären, oft unterirdischen Stiel. Lediglich die steinähnlichen Blätter und häufig sogar nur deren glatte Oberseiten wachsen über der Erde. Vielfach handelt es sich bei den Blättern um sogenannte Fensterblätter: Aus Mangel an Chlorophyll verfügen sie über transparente, lichtdurchlässige Flächen, die das Sonnenlicht tief ins Pflanzeninnere und bis an Stellen eindringen lassen, die nicht direkt von der Sonne beschienen werden.

In diesem Fall liegt auf der Hand, welchen Nutzen die Pflanze von ihrer steinernen Tarnung hat. Da sie keine

Der Kaktus *Blossfeldia liliputana* ahmt ähnlich wie *Lithops* Steine nach, um sich vor Angreifern zu schützen.

Lithops aucampiae. Die beiden ovalen Hälften der Pflanze sind zwei sukkulente Blätter, die an die extreme Trockenheit besonders gut angepasst sind.

Stacheln oder Ähnliches besitzt, kann sie sich so vor Pflanzenfressern schützen. Zumal das Wasser der Sukkulenten in der Wüste ein besonders wertvolles Gut ist. Die Farbkombinationen und Farbveränderungen der Pflanzen sind zudem ein effizientes Kommunikationsmittel. Doch während die evolutionäre Funktion der Farben in der Zoologie ein wichtiger Forschungsbereich ist, wurde er in der Botanik, abgesehen von der Bedeutung der farbenprächtigen Blüten für die Bestäubung, bislang sträflich vernachlässigt. *Lithops* nutzen Formen und Farben, um sich zu tarnen und vor Fressfeinden zu schützen. Viele andere Pflanzen senden jedoch genau das entgegengesetzte Signal aus. Sie wollen andere durch Farbe und Form vor ihrer Stärke und Gefährlichkeit warnen.

Ein faszinierendes Beispiel für diese Art von Mimese ist möglicherweise auch das prächtige Herbstkleid der Laubbäume. Möglicherweise, weil dies bislang nicht eindeutig belegt werden konnte. Noch bis vor wenigen Jahren nahm man nämlich an, dass es sich bei der roten, orangen und gelben Farbpracht unserer Herbstwälder lediglich um einen Nebeneffekt des Chlorophyllabbaus handele, der die sonst durch das Grün überlagerten Farben zum Vorschein bringe. Doch dann stellte man überrascht fest, dass manche Arten schon Tage oder Wochen vor dem Laubabwurf erhebliche Ressourcen darauf verwenden, Moleküle zur Färbung der Blätter zu produzieren, und konnte sich der Vermutung nicht erwehren, dass das Herbstlaub doch eine etwas komplexere Angelegenheit sein könnte. Denn warum sollten die Bäume in scheinbar vollkommen Sinnloses investieren, das noch dazu von so kurzer Dauer war? Das Rätsel könnte durch eine These gelöst werden, die Bill

Hamilton von der Universität Oxford im Jahr 2000, wenige Monate vor seinem Tod, aufstellte. Die aufwendige Herbstfärbung der Laubbäume wäre demnach ein sogenanntes «ehrliches Signal», mit dem der Baum gegenüber Blattläusen Stärke demonstriert. Solche Signale heißen «ehrliche Signale», weil sie offensichtlich erhebliche Anstrengungen voraussetzen.

Haben Sie schon einmal einen dieser Filme gesehen, wo Gazellen beim Anblick eines Leoparden wie aufgezogen auf der Stelle hüpfen, statt sofort zu fliehen? Auf den ersten Blick scheint ihr Verhalten vollkommen sinnlos und reine Energieverschwendung. Doch die Gazellen wollen dem Löwen damit etwas sagen: «Guck mal, wie stark und kräftig ich bin, wenn du mich jagst, vergeudest du nur unnütz Energie.» Es könnte also sein, dass die Bäume mit ihrer prächtigen Färbung Stärke und Kraft signalisieren und die Blattläuse, die im Herbst besonders wanderfreudig sind, animieren wollen, sich ein schwächeres Opfer zu suchen. Dann wäre es auch kein Zufall, dass gerade der besonders blattlausanfällige Ahorn ein außergewöhnlich prachtvolles Herbstkleid trägt. Ähnliche «ehrliche» Signale sind auch das Hinterteil der Paviane oder die ach so menschliche Zurschaustellung von Statussymbolen. Beides wäre völlig unverständlich, wenn es nicht eigentlich um eine Demonstration der Stärke ginge. Und laut dem amerikanischen Physiologen und Evolutionsbiologen Jared Diamond zählen sogar hochriskante menschliche Verhaltensweisen wie das Bungee-Jumping zu solchen Signalen.

Human Resources
oder der Mensch als Ressource der Pflanze

Vor zwölf- bis fünfzehntausend Jahren hat sich im sogenannten Fruchtbaren Halbmond, einer heute kriegs- und krisengeschüttelten Region, der Ackerbau entwickelt. Und damit die Zivilisation. Als der Mensch nicht länger Jäger und Sammler war, sondern sesshaft wurde und den Boden bestellte, begann zudem seine gemeinsame Geschichte mit den Pflanzen: Einige wurden zu seinen treuen Begleitern, weil sie ihm die notwendige Nahrung lieferten, und wurden im Gegenzug dafür gehegt und gepflegt. Sie konnten sich sogar zu supereffizienten Pflanzen entwickeln, die auf der ganzen Welt verbreitet sind.

Die Partnerschaft war also für beide ein gutes Geschäft und funktioniert bis heute, zigtausend Jahre nach dem Erstvertrag. Es lief sogar so gut, dass heute nur noch drei Pflanzenarten – Weizen, Mais und Reis – ungefähr 60 Prozent aller von der Menschheit verbrannten Kalorien liefern, dafür enorme Flächen unserer Erde beanspruchen und andere pflanzliche Konkurrenten vollkommen an den Rand gedrängt haben. Unsere Beziehung zu diesen Pflanzen ist heute so eng, dass man geradezu von einer Symbiose sprechen könnte. So stammt der Kohlenstoff im Körper eines US-Bürgers zu 69 Prozent aus einer einzigen Art: dem Mais.

Das Ernährungsmonopol von Mais, Weizen und Reis ist für diese also äußerst vorteilhaft. Dass es für uns Menschen gut ist, wenn unser Überleben von nur drei bis vier Pflanzenarten abhängt, würde ich dagegen bezweifeln. Wir «beziehen» so gut wie alle notwendigen Kalorien von nur sehr wenigen «Lieferanten» – die noch dazu ständig weniger werden. Früher war unser Lieferantennetz erheblich größer: Obwohl Europa beispielsweise im 18. Jahrhundert wesentlich weniger genießbare Pflanzen kannte als heute, da die exotischen Pflanzen der Kolonien noch nicht importiert wurden, verzehrte man damals drei Mal so viele Arten wie heute. Ganz zu schweigen von den Zeiten, als der Ackerbau noch nicht erfunden war und der Mensch noch Hunderte von Pflanzenarten aß. Wir haben uns in den letzten zehntausend Jahren also von einer beständig schwindenden Zahl an Pflanzen abhängig gemacht, und vor allem im letzten Jahrhundert ist die Zahl der verzehrten Arten noch einmal rasant gesunken. Das scheint mir eine bedenkliche Entwicklung, denn je geringer die Zahl der Pflanzen, auf die wir setzen, desto größer das Risiko, dass etwas schiefläuft. Wenn Weizen oder Reis heute von Krankheitserregern befallen würden, hätte das für uns katastrophale Auswirkungen. Und solche Fälle sind ja schon vorgekommen. Eigentlich weiß jeder Kleinanleger, dass man sein ganzes Geld nie in nur ein einziges Projekt investieren sollte.

Doch unabhängig davon hat das für die Pflanzen so rentable Geschäft natürlich auch Nachahmer und Betrüger auf den Plan gerufen oder einfach nur Akteure, die am Profit teilhaben wollten. Es konnte gar nicht ausbleiben, dass sich andere Pflanzen durch Lug und Trug als Kulturpflanzen ausgaben und sich dabei natürlich auf die Kunst der Nachahmung verließen: Um die Aufmerksamkeit des Menschen auf sich zu lenken, veränderten sie ihre charakteristischen Merkmale.

Der Mensch hat von Anfang an Pflanzen für den Ackerbau ausgewählt, die er aus verschiedenen Gründen für

Eine der ersten vom Mensch kultivierten Pflanzen war die Linse (*Lens culinaris*). Archäologische Funde belegen, dass sie bereits zwischen 13 000 und 10 000 v. Chr. verzehrt wurde.

besser erachtete: weil ihre Früchte oder Samen größer, ihre Form oder Farbe schöner oder sie weniger krankheitsanfällig waren … Doch sobald der Mensch eine Pflanze wegen bestimmter Merkmale bevorzugte, haben die sogenannten Unkräuter gelernt, sich anzupassen. Ein bekanntes Beispiel hierfür ist etwa die Futterwicke (*Vicia sativa*), die sich die Linse (*Lens culinaris*) zum Vorbild nahm. Die Linse gehört zu den am frühesten kultivierten Pflanzen: Sie wurde nachweislich schon vor fünfzehntausend Jahren verzehrt. Dass sie im Mittelmeerraum seit jeher eine der am weitesten verbreiteten Nutzpflanzen war, wird auch durch die Geschichte des jungen Jägers Esau (Genesis 25,29–34) belegt,

Links: Es gibt Hunderte Linsenarten. Die Samen können grün bis braun oder gelb bis orange gefärbt sein.

Rechts: Die Futterwicke (*Vicia sativa*), die, wie der Name schon sagt, vielfach als Futterpflanze angebaut wird, hat ähnliche Samen wie die Linse.

der sein Erstgeburtsrecht für ein Linsengericht an seinen Bruder Jakob verkaufte.

Da die Futterwicke an Boden und Klima ähnliche Ansprüche stellt wie die Linse, wuchs sie zwangsläufig auf jedem Linsenfeld. Das war zunächst kein Problem, da sich ihr runder Samen vom Linsensamen leicht unterscheiden und aussortieren ließ. Das gefiel der Futterwicke natürlich nicht. Ihr Samen veränderte sich daher von Generation zu Generation und wurde schließlich dem Linsensamen in Form, Größe und Farbe so ähnlich, dass beide kaum noch zu unterscheiden waren. Die Anstrengung sollte sich lohnen: Weil die Futterwickensamen denen der Linsen nun so ähnlich waren, wurden sie notgedrungen mitausgewählt und auf den Feldern ausgebracht. Die Nachahmung erwies sich für die Futterwicke damit als gutes Geschäft. Sie kam so in den Genuss all der Vorteile, die die Kultivierung einer Pflanze bot.

Man nennt diese Art der Nachahmung, die nur bei Pflanzen vorkommt, Wawilow'sche Mimikry, da sie erstmals von dem großen russischen Genetiker und Agronomen Nikolai Iwanowitsch Wawilow (1887–1943) erforscht und beschrieben wurde.

Obwohl ich schon in meinem Buch *Aus Liebe zu den Pflanzen* über ihn berichtet habe, möchte ich hier noch einmal auf seine wissenschaftlichen Leistungen zurückkommen. Wawilow hat nicht nur – mit seiner bahnbrechenden Arbeit über Herkunft und Geografie der Nutzpflanzen, *Genetik und Agrarwissenschaften* (1912) – die Entstehungszentren der Kulturpflanzen entdeckt, sondern auch die sichere Aufbewahrung ihrer Samen vorangetrieben. In Sankt Petersburg gründete er die erste Samenbank der Welt, aus der letztendlich auch der bedeutende Global Seed Vault, der Weltweite Saatgut-Tresor auf der Insel Spitzbergen, entstanden ist, in dem zur Sicherung der genetischen Vielfalt heute das genetische Erbe der wichtigsten Kulturpflanzen wie Reis, Mais, Getreide, Kartoffeln, Äpfel, Maniok, Taro oder Kokosnuss gelagert wird. Dass Wawilow mit seiner Idee goldrichtig lag, zeigte sich erst kürzlich wieder, als Syrien beim Global Seed Vault um Samen bat, um seine Landwirtschaft in den kriegsverwüsteten Regionen wieder in Gang zu bringen. Doch vor allem war Wawilow der Erste, der davon überzeugt war, dass man Nutzpflanzen genetisch so verändern konnte, dass sie

Im Weltweiten Saatgut-Tresor auf der norwegischen Insel Spitzbergen lagern die Samen aller herkömmlichen Nutzpflanzen. Mit diesem Sicherheitsnetz schützen wir das genetische Erbe unserer Nutzpflanzen.

selbst in den teilweise extremen Klimazonen Russlands wachsen würden.

Wawilow war ein Ausnahmewissenschaftler, der auf dem Gebiet der Agrarwissenschaften und Genetik Großes geleistet hat. Dennoch ist er auf Stalins Befehl hin im Gefängnis verhungert und heute vollkommen vergessen. Noch unverständlicher ist mir allerdings, dass Wawilows Gegenspieler Trofim Denissowitsch Lyssenko (1898–1976), der die Genetik für einen bürgerlichen Spleen ohne jegliche wissenschaftliche Grundlage hielt, heute selbst bei Experten bekannter ist als er. Aber das ist wohl eine andere Geschichte.

Roggen (*Secale cereale*) wächst typischerweise in klimatisch milden Zonen. Vor circa dreitausend Jahren verbreitete er sich durch Nachahmung des Weizens (Wawilow'sche Mimikry) von der Türkei aus weiter in Richtung Norden.

Kurzum, Wawilow war ein hervorragender Kenner von Nutzpflanzen und allem, was damit zusammenhängt. Und so fiel ihm auch als Erstem auf, dass die Zuchtwahl durch den Menschen bei anderen Pflanzen zur Mimikry führen kann und auch, dass die Folgen, anders als vielleicht gedacht, nicht immer negativ sein müssen. Viele heutige Kulturpflanzen sind sogar erst durch Mimikry entstanden.

Nehmen wir etwa den Roggen (*Secale cereale*), der seit mindestens dreitausend Jahren kultiviert wird. Er war ursprünglich ein Beikraut von Weizen und Gerste, mit denen er noch einige grundlegende Sameneigenschaften teilt. Um verstehen zu können, wie aus einem Unkraut eine Nutzpflanze werden kann, müssen wir uns allerdings kurz in die Lage der ersten Bauern versetzen und uns vorstellen, wie unsere Vorfahren ihr Leben als Jäger und Sammler langsam aufgaben und nach kultivierbaren Pflanzen suchten. Welche Pflanzen werden sie bevorzugt haben? Nach welchen Kriterien haben sie ausgewählt? Bestimmt haben sie sich für Arten mit großen Körnern entschieden, die in großer Zahl in irgendetwas enthalten waren und die man, beispielsweise wie Ähren, gut pflücken konnte. Und bestimmt haben sie sich gegen Pflanzen entschieden, deren Körner spontan abfallen. Körner von der Erde aufzusammeln war viel zu anstrengend. Ohne Zweifel war der Weg vom Jäger zum Bauern langwierig und mühsam und mit Fehlern und Rückschlägen gepflastert. Doch Weizen und Gerste, also Getreidesorten mit großen Körnern und leicht zu pflückenden Ähren, gehörten mit hoher Wahrscheinlichkeit zu den ersten Kulturpflanzen. Allerdings wählte der Mensch damit ungewollt auch die gefürchtetsten Beikräuter aus.

Und das ist der Beginn der Geschichte des Roggens, der zunächst, wenig beneidenswert, ein Unkraut war. Die Vorfahren des heutigen Roggens sind nämlich ein klassisches Beispiel für die Wawilow'sche Mimikry. Weil die Roggenkörner denen von Weizen und Gerste so stark ähnelten, mussten die frühen Bauern im Fruchtbaren Halbmond die Aussaat sorgfältig kontrollieren. Doch das war nicht gerade einfach. Und darum wurde der Roggen bald zum weitverbreiteten Unkraut. Als Weizen und Gerste dann später auch weiter nördlich, östlich und westlich angebaut wurden, ging der Roggen mit auf Reisen – bekanntlich ist der Mensch ein supereffizienter Samenverbreiter – und erreichte schließlich Regionen mit kälteren Wintern und kargeren Böden. Hier konnte er endlich seine Robustheit unter Beweis stellen. Er trug nun sogar besser als Weizen und Gerste, die er schon bald verdrängen sollte, und wurde schließlich zur Kulturpflanze.

Beim Roggen hat die Geschichte der Wawilow'schen Mimikry also ein gutes Ende genommen. In vielen Fällen sieht das allerdings anders aus: etwa wenn wir die Resistenzen vieler Pflanzen gegen Unkrautvernichtungsmittel betrachten, mit denen sie immer stärker malträtiert werden. Besonders in den letzten Jahrzehnten hat die Verwendung von Herbiziden in der Landwirtschaft exponentiell zugenommen. Und während man manche Steigerung vielleicht noch als «physiologisch» bezeichnen könnte, hat die Zunahme bei bestimmten «Pflanzenschutzmitteln» wie Glyphosat geradezu pathologische Ausmaße erreicht, was unter anderem am Anbau gentechnisch veränderter, gegen das Mittel unempfindlicher Pflanzen liegt. Weil manche Pflanzen keinerlei Reaktion auf Glyphosat zeigen, können

Der Amaranth stammt ursprünglich aus Mittelamerika.
Seine getreideähnlichen Samen (Pseudogetreide) sind essbar.

die Landwirte beliebig viel davon aufbringen, ohne negative Folgen für ihre Ernte befürchten zu müssen. Und wenn die Ernte keinen Schaden nimmt, warum dann knausern und nicht einfach so viele Herbizide sprühen, bis der letzte Unkrauthalm tot ist? Die Zahlen für Glyphosat belegen diese Haltung eindrucksvoll: Schon 1974 verwendete allein die US-amerikanische Landwirtschaft 360 000 Kilogramm Glyphosat. Und 2014 waren es sage und schreibe 113,4 Millionen Kilogramm. In den letzten vierzig Jahren hat sich der Verbrauch also verdreihundertfacht!

Durch den enormen chemischen Druck auf die Unkräuter wurden auch bei den Pflanzen Resistenzen begünstigt, die die Kulturpflanzen normalerweise begleiten, den erwähnten Mimikry-Beikräutern. In den USA gibt es heute *Amaranthus palmeri*-Populationen – ein essbares Korn, das bei den Bauern aber als Unkraut gilt –, die gegen Glyphosat vollkommen resistent sind. *Amaranthus palmeri* ist auf den Mais- und Sojafeldern mittlerweile zu einem ernsten Problem geworden, das mit immer höheren Glyphosatdosen und anderen Herbizidmischungen bekämpft wird.

Und so nehmen die resistenten Unkräuter überall zu. Doch mich beunruhigt das nicht im Geringsten: Ich habe die Unkräuter schon immer geliebt. Sie faszinieren mich durch ihre Intelligenz, ihre Anpassungsfähigkeit und weil sie trotz der Bekämpfung von allen Seiten überleben. Auf keinen Fall sollten wir sie mit immer größeren Herbizidmengen bekämpfen, sondern höchstens mit umweltschonenden Techniken eindämmen. Sonst ersticken wir jede Hoffnung im Keim, unsere landwirtschaftlichen Ökosysteme doch noch zu retten. Noch besser wäre es allerdings, wir würden lernen, mit Unkräutern zu leben. Ich mag sie jedenfalls, ob sie sich nun als nützlich erweisen wie der Roggen oder einfach nur auf den Menschen pfeifen. Vor allem aber sind die Umweltschäden, die wir bei ihrer Bekämpfung mit Herbiziden anrichten, weitaus höher als alle Schäden, die Unkräuter unseren Kulturpflanzen je zufügen könnten.

///

4 BEWEGUNG OHNE MUSKELKRAFT

Der Gewöhnliche Löwenzahn (*Taraxacum officinale*) gehört zur Familie der Korbblütler. Wie aus dem lateinischen Namen hervorgeht, ist seine Heilwirkung schon seit alters her bekannt. Die weitverbreitete Pflanze hat viele Namen, unter anderem Pusteblume, Hundsblume, Kuhblume oder Pissnelke.

Sinneswahrnehmung ist an Wechsel gebunden, Wechsel aber bedeutet Bewegung.

Aldous Huxley, *Die Kunst des Sehens*

Ich bewege mich, also bin ich.

Haruki Murakami, *1Q84*

Und sie bewegen sich doch!

Im Jahr 1896 musste es nach Science-Fiction klingen, von «Timelapse», «Zeitraffer» oder «Intervallaufnahmen» zu reden – oder wie immer man die Filmtechnik nennen will, mit der Stunden, Tage oder gar Monate und Jahre auf wenige Sekunden zusammenschnurren. Die erste Filmvorführung der Welt lag da gerade mal ein paar Monate zurück: Am 28. Dezember 1895 hatte sich am Pariser Boulevard des Capucines 14 ein Publikum aus dreiunddreißig Zuschauern, darunter zwei Journalisten, eingefunden, um die neue Unterhaltungstechnologie der Brüder Auguste und Louis Lumière zu sehen.

Trotzdem sollte Wilhelm Friedrich Philipp Pfeffer (1845–1920), damals schon ein etablierter Botaniker, nur wenige Monate nach der offiziellen Erfindung des Kinos bereits die ersten Bilder in Zeitraffer produzieren. Er hatte sich da schon jahrelang mit der Technik beschäftigt, genauer gesagt, seit er als junger Forscher den ersten Experimentalfilm der Welt gesehen hatte: den berühmten Galopp des Rennpferds Sallie Gardner, den Eadweard Muybridge 1878 als «Film» oder vielmehr Chronofotografie aufgenommen hatte. Seit damals hatte Pfeffer eine Mission: Er wollte

Das Rennpferd Sallie Gardner, aufgenommen 1878 von Muybridge.
Die Bildfolge entspricht einer 25-tel Sekunde.

Pflanzenbewegungen im Zeitraffer darstellen, um ihre Schönheit und Bedeutung sichtbar zu machen und sie vor allem endlich als Ausdruck pflanzlichen Verhaltens zu erforschen. Als junger Assistent von Julius von Sachs (1832–1897) an der Universität Würzburg war nämlich schon vor Jahren ein Interesse am Gravitropismus in ihm geweckt worden: Er war damals an Versuchen zum schwerkraftbedingten Richtungswachstum der Wurzel beteiligt gewesen.

Die Versuche hatten lange wissenschaftliche Streitschriften und manche Polemik zwischen Julius von Sachs und Charles Darwin zur Folge gehabt und sich schließlich auch auf Pfeffers berufliche Laufbahn ausgewirkt. Weil seine Experimente am Ende Darwin recht gaben, hatte Pfeffer kaum noch Möglichkeiten, seine Forschungsarbeit in Deutschland fortzusetzen. Dem eigenen Professor zu widersprechen war schon damals einer Universitätskarriere nicht förderlich. Weil Sachs seinen Assistenten Pfeffer nun überall schlechtmachte, musste dieser sich als Forscher erst wieder rehabilitieren und überlegte darum fieberhaft, wie er die neuen Möglichkeiten des Kinos zur Erforschung der Pflanzenbewegung einsetzen könnte.

Die Biologie hatte es jahrhundertelang vermieden, sich mit der Bewegung der Pflanzen zu beschäftigen, und, um die ehrwürdige Trennung zwischen «Tier» und «Pflanze» nicht zu gefährden, jede sich schnell bewegende Pflanzenart zur «Anomalie» oder «Abweichung» degradiert. Um die Nähe zum Tierreich zu unterstreichen, sprach man sogar von Zoosporen. Und bis heute zeugt unser amüsiertes Staunen beim Anblick etwa sich schnell schließender Mimosenblättchen von unserer tiefen Überzeugung, dass sich die Pflanzen vor allem durch ihre Bewegungsunfähigkeit von den Tieren unterscheiden.

Doch jetzt bot sich Pfeffer die Möglichkeit, Pflanzenbewegungen erstmals aller Welt sichtbar zu machen. Schon wenige Monate nach der ersten Filmvorführung der Brüder Lumière präsentierte er die sensationelle neue Technik einigen Botanikern, die verblüfft verfolgten, wie sich die

Die Telegraphenpflanze (*Codoriocalyx motorius*), eine im tropischen Asien weitverbreitete Hülsenfrucht, bewegt ihre Seitenfiedern so schnell, dass man die Bewegung mit bloßem Auge erkennen kann. Wozu die Bewegung dient, ist bislang ungeklärt.

Pflanzen bewegten, sodass man ihr Verhalten nun erforschen konnte. Mit offenem Mund betrachteten seine Kollegen eine aufblühende Tulpe, die Tagesbewegungen und den Nachtschlaf der Mimose (schon wieder), die ständigen Bewegungen der Telegraphenpflanze (*Codariocalyx motorius*) und schließlich, als Höhepunkt der Vorstellung, die so schwierig zu demonstrierenden Wachstumsbewegungen, mit denen die Wurzel, ähnlich wie Ameisen oder Regenwürmer, den Boden sondiert.

Pfeffer machte damit einen Traum wahr, der so alt war wie die Wissenschaft selbst. Schon im 4. Jahrhundert v. Chr. war Androsthenes, einem Beamten Alexanders des Großen, nämlich aufgefallen, dass sich Blätter in der Dämmerung bewegen. Mit dem Zeitraffer schenkte Pfeffer der Botanik nun die Möglichkeit, das auch sichtbar zu machen. So wie man mit dem Teleskop von Hans Lipperhey (nein, der Erfinder des Teleskops war nicht Galileo) die unendlichen Weiten des Universums und mit dem Mikroskop von Zacharias

Janssen das unendlich Winzige betrachten konnte, konnte man mit der Filmtechnik von Wilhelm Pfeffer nun das unendlich Langsame erforschen.

Und das sollte nicht ohne Folgen bleiben. Denn nun konnte man die verwirrende Vielfalt der Pflanzenbewegungen plötzlich sehen und den Geheimnissen der Lebewesen nachspüren, die die Erde überwiegend bevölkern und die man bislang eher für Objekte gehalten hatte. Es war eine Revolution, die das Bewusstsein der Menschen veränderte. Hatte man Rosenstöcke oder Linden bislang eher nach ästhetischen Kriterien betrachtet, so brachte man ihnen nun ein völlig neues Interesse und vor allem Respekt entgegen. In der Zeit von der Jahrhundertwende bis zum Ersten Weltkrieg vervielfachte sich die Zahl der Studien zu Tropismen (reizstimulierten Richtungsbewegungen) und Nastien (von äußeren Reizen unabhängigen Bewegungen), zur Bewegung, dem Verhalten und den kognitiven Fähigkeiten der Pflanzen. Und Sir Francis Darwin, der weltweit erste Lehrstuhlinhaber für Pflanzenphysiologie und Sohn des berühmten Charles Darwin, vertrat bei der Eröffnung des Jahreskongresses der British Association for the Advancement of Science am 2. September 1908 schließlich offen die Ansicht, dass Pflanzen wie Tiere über Intelligenz verfügten.

Dass wir in der Wissenschaft heute über die verschiedenen Bewegungsarten von Pflanzen diskutieren können, aktive von passiven Bewegungen unterscheiden oder die Mechanismen der Pflanzenbewegungen erkennen, verdanken wir Pfeffers Geniestreich. Die pflanzliche Bewegung ohne Muskelkraft ist im Übrigen ein hochaktuelles Thema, weil sie für die Entwicklung neuer Technologien, insbesondere neuer Materialien eine wichtige Rolle spielen könnte.

Pinienzapfen und Hafergrannen

Pflanzen können aktive Bewegungen ausführen, in die sie eigene Energie investieren müssen. Sie können sich aber auch passiv bewegen und dafür Energien aus der Umwelt nutzen. So machen sich unzählige pflanzliche Organismen das Feuchtigkeitsgefälle zwischen Tag und Nacht für ziemlich komplexe Bewegungen zunutze. Ein gemeinsames Merkmal aller pflanzlichen Bewegungen ist jedoch, dass sie nicht mithilfe komplizierter Eiweißstrukturen wie etwa Muskeln erfolgen. Die meisten arbeiten mit «Hydraulik», das heißt mit Wasser, das in flüssigem oder gasförmigem Zustand ins Gewebe ein- oder daraus austritt.

Die sogenannten aktiven Bewegungen entstehen durch Veränderungen im Turgordruck der Zellen, der seinerseits vom osmotischen Wasserfluss durch die Zellmembran bestimmt wird. Aufgrund unterschiedlicher Lösungskonzentrationen tritt Wasser in die Zelle ein, lässt den Zellinnendruck steigen und drückt die Zellmembran gegen die Zellwand. Der Organismus versteift und bewegt sich. Durch die aktive Steuerung der Lösungskonzentration in ihren Zellen können Pflanzen Bewegungen auslösen, etwa Stomata oder Blüten öffnen. Dank dieses Mechanismus kann die Mimose ihre Blätter bewegen oder die Venusfliegenfalle zuschnappen.

Die sogenannten passiven Bewegungen erfolgen dagegen durch hygroskopische Veränderungen in bestimmten Bereichen der Zellwand. Neben den Chloroplasten, den für die Fotosynthese zuständigen Organellen, könnte man auch die Zellwände geradezu als Markenzeichen der Pflanzen bezeichnen. Die tierischen Zellen kennen nichts ver-

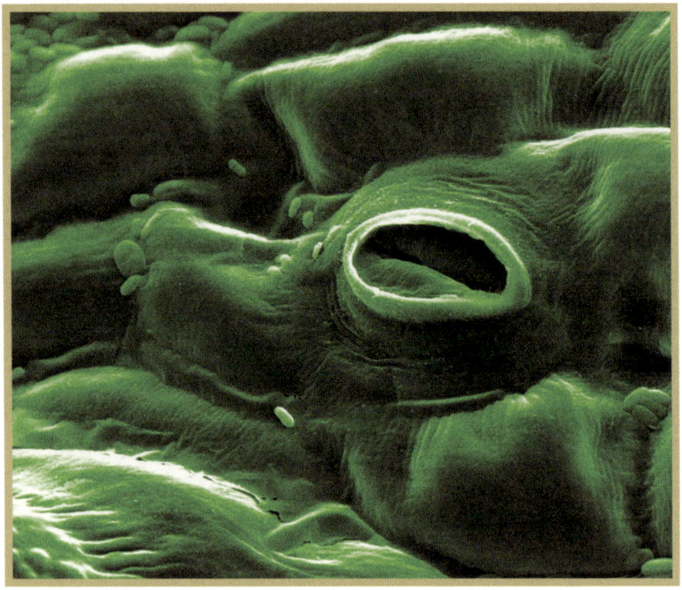

Stoma einer Tomate unter dem Elektronenmikroskop. Durch die Stomata gelangt das für die Fotosynthese notwendige CO_2 in die Pflanze.

gleichbar Robustes. Die Zellwände bilden gewissermaßen das Skelett der Pflanze, verleihen ihr Festigkeit und dauerhafte Form. Sie bestehen aus Zellfasern, die in eine weiche Matrix aus Pektinen, Hemicellulosen, lösbaren Proteinen und anderen Substanzen eingebunden sind. Und genau diese Matrix, die sich in Verbindung mit Wassermolekülen vorübergehend ausdehnt, ist dafür verantwortlich, dass Pinienzapfen aufgehen, Glyzinienhülsen explodieren, die Samen von Reiherschnabel (*Erodium cicutarium*) oder die Früchte des Wilden Hafers über den Boden kriechen.

Sie haben noch Zweifel oder sind neugierig geworden? Am besten schauen wir uns einige passive Pflanzenbewegungen einmal näher an, und zwar zwei sehr bekannte Beispiele.

Der Pinienzapfen, der die Fortpflanzung der Pinie sicherstellt, vollbringt eine für totes Material sehr beachtliche Leistung: Bei Trockenheit öffnet er seine hölzernen Schuppen, und bei hoher Luftfeuchtigkeit schließt er sie wieder. Haben Sie sich einen Pinienzapfen schon mal bei Regen angeschaut? Dann ist Ihnen bestimmt aufgefallen, dass er fest verschlossen ist und kein Same entweichen kann. An sonnigen Tagen dagegen sind die Schuppen vollständig geöffnet, und die Samen können sich leicht lösen. Offenbar sollen an feuchten, regnerischen Tagen keine Samen herausfallen, weil sie sonst in der Nähe der Mutterpflanze landen würden, statt sich großflächig auszubreiten.

Doch wie gelingt es dem Zapfen, sich zu bewegen? Die Bewegung scheint eigentlich simpel, ist aber in Wahrheit hochkomplex, vor allem wenn man bedenkt, dass es sich um totes Material handelt, das keine eigenen Energien

Die fleischfressende Venusfliegenfalle (*Dionaea muscipula*) kommt ausschließlich in den Pocosin-Mooren von North und South Carolina vor.

mobilisieren kann. Der Kniff sind die Schuppen. Jede Schuppe setzt sich aus zwei Geweben zusammen, was allerdings nicht mit bloßem Auge, sondern nur unter dem Mikroskop zu sehen ist. Die Schuppeninnenseite besteht aus sklerenchymatischen, als winzige Höhlen angeordneten Fasern, die Schuppenaußenseite aus breiteren, kürzeren Sklereiden. Die beiden Fasern reagieren auf Wasser, also hygroskopisch, unterschiedlich. Die Sklereiden dehnen sich, wie Colin Dawson, Julian F. V. Vincent und Anne-Marie Rocca 1997 entdeckt haben, bei 23°C und einer um 1 Prozent veränderten Luftfeuchtigkeit um 33 Prozent stärker aus als die sklerenchymatischen Fasern. Das war also das Geheimnis: Wenn die Schuppen Wasser aufnehmen oder abgeben, vergrößern und verkleinern sie sich nicht gleichmäßig. Und darum öffnet und schließt sich der Zapfen – für alle sichtbar.

Das Phänomen lässt sich auch im Forschungslabor und sogar zu Hause leicht hervorrufen: Man muss den Zapfen nur ins Wasser legen. Mittlerweile gibt es zahllose Studien zu dem Thema, oft von dem Wunsch getragen, künstliche Materialien mit vergleichbaren Eigenschaften zu entwickeln. Denn welch zahllose Anwendungsmöglichkeiten würde es für ein Material geben, das sich abhängig von der Luftfeuchtigkeit verändert! So haben Mingming Ma und seine Kollegen vom MIT 2013 beispielsweise einen Polymerfilm entwickelt, der Wasser mit der Umgebung austauscht und sich so zügig vergrößern oder verkleinern kann. Weil dabei Druckkräfte von 27 Megapascal entstehen, können damit Objekte angehoben werden, die 380 Mal schwerer sind als der Polymerfilm. Man hat den Polymerfilm außerdem als Aktivator mit einem piezoelektrischen Element

Pinienzapfen bestehen aus hölzernen Deckblättern, unter denen sich die Samen der Nacktsamer verbergen. Die Deckblätter sind spiralförmig nach der Fibonacci-Folge angeordnet.

verbunden und konnte auf diese Weise Strom mit einer Spitzenspannung von circa 1 Volt erzeugen. Für die Versorgung von mikro- und nanoelektronischen Vorrichtungen ist das schon ausreichend. Und wohlgemerkt: Bei all dem machte man sich nur den Feuchtigkeitsgradienten zunutze.

Die Einsatzmöglichkeiten für diese Technik sind vielfältig; unter anderem lassen sich so unzählige Vorrichtungen mit Strom versorgen. Wir versuchen derzeit beispielsweise, mit einem ähnlichen System die autonome Stromversorgung von Sensoren zur Überwachung der elektrischen Baumaktivität sicherzustellen. Aber auch anderes ist denkbar. Man könnte die mikroskopisch kleinen Systeme etwa

Die Gattung Hafer (*Avena*) umfasst zahlreiche europäische, afrikanische und asiatische Arten, von denen einige schon seit Jahrtausenden als Nahrung für Mensch oder Tier angebaut werden.

in Kleidung, Polsterungen und andere Gewebe einarbeiten, die damit energetisch autonom würden und Sensoren und Vorrichtungen mit niedrigem Energieverbrauch versorgen könnten. Vorstellbar wären beispielsweise Textilien, die über den Hautkontakt wichtige Gesundheitsdaten melden. Oder Umweltdaten oder Stress messen und vieles mehr. All diese Dinge werden schon bald Realität werden, und bei der Entwicklung der entscheidenden Technologien und Materialien hat man sich die Pflanzen zum Vorbild genommen.

Doch natürlich gibt es noch weitere Pflanzenbewegungen. Beispielsweise reagieren die Grannen, die dünnen, langen Borsten vieler Ähren, ebenfalls auf Feuchtigkeitsveränderungen. Viele Haferarten auf unseren Äckern oder am Straßenrand wie *Avena sterilis*, *Avena fatua* oder *Avena barbata* krümmen sich in Abhängigkeit von der Luftfeuchtigkeit. Lange hat man sich das für Hygrometer zunutze gemacht – die sogar ziemlich präzise waren. Solch einen Feuchtigkeitsmesser können Sie sich ganz leicht selber bauen: Dann werden Sie mit eigenen Augen sehen, wie nur durch Luftfeuchtigkeit beträchtliche Bewegungen entstehen. Wie, wollen Sie jetzt wissen? Hier ein paar Tipps: Nehmen Sie zunächst den deutlich spiralförmigen Mittelteil einer Granne und befestigen Sie das eine Ende an einer Scheibe, auf der Sie die Feuchtigkeitsgrade eintragen. Bringen Sie dann am anderen Grannenende eine Borste oder etwas anderes Leichtes, aber Festes als Zeiger an. Nun müssen Sie das Ganze nur noch mit einem Wasserglas abdecken, und schon haben Sie ein natürliches Hygrometer. Mit nur einem einzigen Makel: Die Granne wird nicht ewig halten und muss von Zeit zu Zeit erneuert werden.

Bewegungsfreudige Samen: der Gewöhnliche Reiherschnabel

Es gibt manche seltsamen passiven Pflanzenbewegungen, aber der «Samen» des Gewöhnlichen Reiherschnabels (*Erodium cicutarium*) verhält sich wohl am allerseltsamsten. Durch eine Explosion löst er sich von der Mutterpflanze, lässt sich dann von einem vorbeikommenden Tier weiterbefördern, fällt irgendwann zu Boden und kriecht so lange weiter, bis er einen Spalt findet, in den er sich hineinbohren kann. Selbst manchem energiegeladenen Organismus dürfte dieser beachtliche Handlungsablauf schwerfallen, von totem Gewebe ganz zu schweigen.

Der Gewöhnliche Reiherschnabel ist ein zartes Pflänzchen aus der Familie der Storchschnabelgewächse (*Geraniaceae*), zu denen auch unsere Balkongeranien gehören, und gedeiht als Feld-, Wald- und Wiesenblume in vielen Gegenden der Welt. Seinen Namen verdankt er der wie ein Reiherschnabel geformten Frucht (*erodiòs*, altgriechisch der Reiherschnabel) sowie den Schierlings-ähnlichen Blättern (*cicutarium*). Auch andere Familienmitglieder tragen im Übrigen Gattungsnamen, die sich auf Stelzvogelschnäbel beziehen. So kommt Geranie von griechisch *géranos*, der Kranich, oder Pelargonie (eine Gattung der Familie) von griechisch *pelargòs*, der Storch.

Doch kehren wir zum Reiherschnabel zurück, einer einjährigen, ziemlich weit verbreiteten krautigen Pflanze mit fünfblättrigen lilafarbenen Blüten. Das Außergewöhnlichste an ihr ist zweifellos der Samen (eigentlich eine Teilfrucht): Er besteht aus einer einsamigen Schließfrucht (Achäne), die so spitz ist wie eine Harpune, und einer spiralförmigen, behaarten Granne. Alle Bestandteile tragen, wie wir gleich sehen werden, zu der erstaunlichen Samenbewegung bei.

Ich habe mich erstmals für den Reiherschnabel interessiert, als eine Forscherin meines Instituts, Camilla Pandolfi, vor Jahren zur ESA wechselte und dort lange Zeit beim schon erwähnten «Ariadna-Team für Fortschrittliche Konzepte» arbeitete, einer Vermittlungsstelle zwischen ESA und europäischen Forschern, die sich an der Weltraumforschung beteiligen möchten. Der Name «Team für Fortschrittliche Konzepte» beeindruckte uns damals unglaublich, und als Camilla Pandolfi mich fragte, ob sie wirklich dort hingehen solle, zögerte ich nicht einen Moment. Natürlich. Am besten sofort. Zwei Jahre dort zu arbeiten sei bestimmt eine tolle Erfahrung. Zudem beschäftigte sich unser Forschungsinstitut damals schon seit Jahren mit dem Verhalten der Pflanzen unter der Bedingung der Schwerelosigkeit – und arbeitet im Übrigen bis heute mit Weltraumbehörden zusammen. Camilla würde sich also wie zu Hause fühlen.

Und als sie sich schließlich ins Forschungs- und Entwicklungszentrum der ESA im niederländischen Noordwijk aufmachte, war ihre Aufgabe sogar noch interessanter als gedacht: Sie sollte Materialien, Funktionen und Strategien der Pflanzenwelt erforschen, um der Weltraumtechnologie neue Perspektiven zu eröffnen. Eine spannende Aufgabe also, die auf den ersten Blick allerdings kaum lösbar schien. Was sollte die Weltraumforschung ausgerechnet von den Pflanzen lernen? Nichts, so war wohl anzunehmen. Doch die Pflanzen stecken voller Überraschungen. Schon bald hatte Camilla mehrere Themen bestimmt, deren Erforschung zu interessanten technischen Innovationen führen könnte. Zwei der Themen sollten auch für unser Institut von

Der Gewöhnliche Reiherschnabel (*Erodium cicutarium*) aus der Familie der Storchschnabelgewächse (*Geraniaceae*) ist eine ein- oder zweijährige krautige Pflanze, die ursprünglich aus dem Mittelmeerraum stammt.

Bedeutung sein: die Erforschung der Rankpflanzen als Vorbild für künstliche Greifarme und der Reiherschnabelsamen als Modell für Sonden, die keine oder nur sehr wenig Energie verbrauchen, wenn sie in die Planetenoberfläche eindringen und den Boden erkunden.

Bestimmt erinnern Sie sich noch an Pathfinder, Spirit, Opportunity, Curiosity oder wie all die Roboter hießen, die den Mars erkunden sollten, oder an die Sonde Philae, die am 12. November 2014 auf dem Kometen 67P/Tschurjumow-Gerassimenko gelandet ist. Sie alle sollten sich in den Boden bohren und in einer bestimmten Tiefe Proben entnehmen. Für die Weltraumbehörden hat das höchste Priorität, weil sie hoffen, damit verstecktes Eis, also Wasser zu entdecken oder bei der Analyse der chemischen Bodenzusammensetzung vielleicht sogar auf mikroskopisches Leben zu stoßen. Doch Weltraumerkundungsgeräte

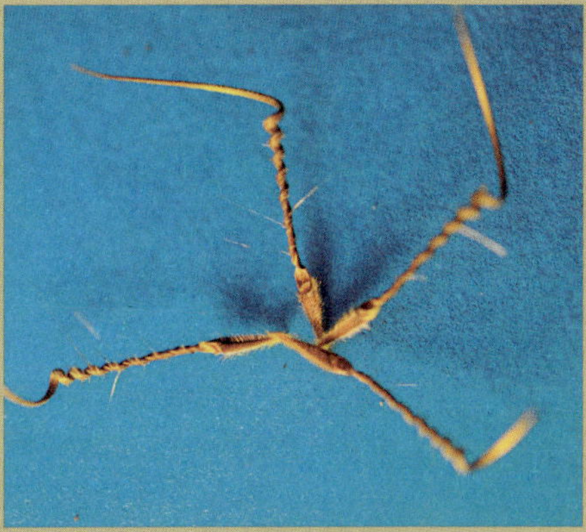

Links: Wenn die Frucht reift, entwickeln sich Spannungen, durch die die Samen im Frühling explosionsartig herausgeschleudert werden.

Rechts: Die langen Grannen treiben im Frühling die Explosion der Fruchtstände voran und sorgen dann dafür, dass sich der Samen im Boden eingräbt.

müssen nicht nur spezifische Aufgaben erfüllen, sondern zudem Zigtausenden Sicherheitsspezifikationen und vor allem zwei Grundanforderungen gerecht werden: Gewicht und Energieverbrauch müssen niedrig sein. Alle Weltraumtechnologien müssen enge Gewichts- und Energievorgaben einhalten. Und genau aus diesem Grund war der federleichte Reiherschnabelsamen, der sich in die Erde bohrt, ohne dafür Energie zu brauchen, für die ESA so hochinteressant. Nicht auszumalen, was alles möglich würde, wenn eine Technologie das nachahmen könnte.

Wie alle Pflanzen will der Reiherschnabel seine Samen möglichst großflächig verbreiten. Die Mutterpflanzen haben nämlich kein Interesse daran, dass der Nachwuchs in ihrer Nähe bleibt. Im Gegenteil. Sie tun alles, damit er in die Ferne schweift. Das hat evolutionäre Gründe. Sie wollen keine direkten Konkurrenten heranzüchten.

Im Lauf der Evolution haben die Pflanzen Hunderte von Lösungen entwickelt, um ihre Samen zu verbreiten und ihre Überlebenschancen zu optimieren. Bei dem Gewöhnlichen Reiherschnabel beginnt alles mit einem Knall: Durch die Anordnung seiner Samen baut sich, wie bei einer Feder, Spannkraft auf und steigert sich so lange, bis das sensible Gleichgewicht durch irgendetwas gestört wird: ein Insekt, ein entlangstreifendes Tier oder auch nur durch einen Lufthauch. Die Samen lösen sich nun explosionsartig, fliegen meterweit davon, haken sich an einem Tierfell fest und fallen schließlich kilometerweit von der Mutterpflanze entfernt zu Boden.

Dort wartet schon das nächste Abenteuer. Die lange Samengranne, die ähnlich aussieht wie ein Spermatozoon, wickelt sich durch die Feuchtigkeit schraubenartig auf. Zusätzlich tragen Borsten dazu bei, dass der Samen «weiterkriecht», sich beim nächsten winzigen Erdspalt, den er entdeckt, kopfüber dreht und seine harpunenartige Spitze perfekt darin positioniert. Nun muss der Samen nur noch warten, dass die tag- und nachtbedingten Feuchtigkeitszyklen das Ihre tun und ihn mit der erforderlichen Antriebskraft in den Boden bohren. Mit jeder Drehung der Grannenwindungen drückt sich der Samen tiefer in die Erde und hat schließlich nach einigen Tagen, beziehungsweise Tag-Nacht-Zyklen, seine endgültige Position erreicht. Wenige Zentimeter unter der Erde kann er jetzt keimen und sich zu einer neuen Pflanze entwickeln.

Nachdem Sie nun wissen, was der Reiherschnabelsamen alles kann, können Sie vermutlich besser nachvollziehen, warum uns die Forschungen von Camilla und ihren Kollegen vom «Team für Fortschrittliche Konzepte» über ein Jahr lang beschäftigt haben. Zunächst mussten alle physikalischen Kräfte und Strategien der wunderbaren Pflanze gründlich analysiert werden. Und weil diese als Vorbild für neuartige, sich selbst eingrabende Weltraumsonden dienen sollten, mussten wir auch wissen, ob sich der Samen in Böden mit den mechanischen Eigenschaften von Mond, Mars oder Asteroiden eingraben konnte.

Zur umfassenden Erforschung der zahlreichen Samenbewegungen arbeiteten wir mit verschiedenen Filmtechniken. Der Reiherschnabel kennt einerseits sehr langsame Bewegungen, für die wir die von Pfeffer erfundenen, am Kapitelanfang erwähnten Techniken nutzen konnten, und andererseits superschnelle Bewegungen, die wir zur besseren Erforschung verlangsamen mussten. Wir benötigten also einen Zeitraffer, der zeigte, wie sich der Samen mithilfe der Tag-Nacht-Feuchtigkeitszyklen in den Boden schraubt, aber auch eine Hochgeschwindigkeitskamera, die Explosion und Landung der Samen darstellte.

Das war allerdings leichter gesagt als getan. Während wir uns beim LINV mit Zeitraffern auskannten, hatten wir nicht den blassesten Schimmer, wie wir die blitzschnelle Explosion und die davonfliegenden Samen aufnehmen sollten. Dafür waren völlig andere Vorrichtungen und Aufnahmetechniken erforderlich als die uns bekannten. Wir machten uns also schlau, konnten aber trotz allem keine praktikable Lösung finden. Nicht praktikable Lösungen hatten wir dagegen reichlich: unsere eigenen, aber auch die vielen Empfehlungen, die alle Besucher unseres Instituts pflichtschuldigst abgaben. Unser Problem war, dass wir nicht nur ein oder zwei, sondern Tausende Explosionen der Fruchtstände aufnehmen mussten, noch dazu unter verschiedenen Feuchtigkeits- und Temperaturbedingungen und den Bodenbedingungen möglicher Weltraumziele. Und dazu mussten wir es schaffen, dass die Fruchtstände nach Einrichtung der Versuchsanordnung auf Befehl explodierten.

Es verging ein Monat, und wir hatten immer noch keine andere Lösung, als die Kamera einfach laufen zu lassen und zu warten, bis die Pflanze endlich «explodierte». Doch mit tausend Bildern pro Sekunde in HD-Auflösung sammelte sich in nur wenigen Filmminuten eine gigantische Datenmenge (mehrere Gigabyte pro Sekunde) an. Uns fehlten schlicht und ergreifend die Kapazitäten, um stundenlange Aufnahmen zu speichern! Es gelang uns in dem Monat lediglich, ein paar Explosionen digital zu verewigen. Doch eines schönen Tages tauchte die Lösung in Gestalt eines Schülers auf, der uns mit seiner Klasse besuchte. Wer das LINV besichtigen will, muss zunächst, ob Schüler oder gesetzte Herrschaften, eine gesetzlich vorgeschriebene Kurzeinführung über sich ergehen lassen, in der er ermahnt wird, nichts anzufassen, weil sonst empfindliche Geräte und laufende Versuche Schaden nehmen könnten oder Verletzungsgefahr besteht. Aber zum Glück hielt sich einer der Schüler nicht an die Vorschriften.

Als die Schulklasse vor der Versuchseinrichtung mit dem Reiherschnabel stand und ein Mitarbeiter gerade etwas dazu erzählte, rief er plötzlich: «Ey, geil, ein Reiherschnabel!», zog im selben Moment ein dünnes Holzstäbchen aus der Tasche, berührte die Frucht genau am Schnittpunkt und löste eine Explosion aus. Während sich die Lehrerin noch wortreich entschuldigte und eine strenge Bestrafung versprach, blickte ich fasziniert auf das Ergebnis der simplen Berührung. Der Schüler kam aus einer Gegend nahe Florenz, wo reichlich wilder Reiherschnabel wächst, und hatte zufällig entdeckt, wie man die Fruchtstände zum Explodieren bringen konnte. Wenn man sie dort, wo die Samen aneinanderstoßen, leicht berührt, setzt man die Spannkraft frei, die die Samen sonst zusammenhält. Wir hatten endlich einen praktikablen Weg zur Auslösung der Explosion gefunden und konnten unsere Forschungen fortsetzen. In den nächsten Monaten führten wir noch Tausende «kontrollierte Explosionen» durch. Gott schütze alle frechen Schüler!

Wir wissen dank unserer Forschungen heute, dass alle Samenbestandteile des Reiherschnabels eine bestimmte Aufgabe haben. Der Samen bohrt sich aufgrund verschiedener Faktoren in den Boden und gräbt sich dort ein. Zu diesen Faktoren gehören:

- die Samengeometrie
- die Struktur und die feuchtigkeitsabhängige Bewegung der Granne
- ein inaktiver Grannenbereich
- und die Borsten an Fruchtblatt und Granne.

Am Ende bauten wir ein Modell, das die Bewegungen des Reiherschnabels verdeutlicht, und überreichten es der ESA mit umfangreichen Unterlagen, in denen die faszinierende Pflanze in allen Einzelheiten beschrieben wird. Sie finden die Unterlagen noch immer im Internet. Vielleicht will ja eines Tages doch noch jemand eine Weltraumsonde entwickeln, die sich den Reiherschnabel zum Vorbild nimmt.

///

5 CHILI-SÜCHTIGE UND ANDERE PFLANZENSKLAVEN

Der endemisch auf Mauritius vorkommende Ornament-Taggecko (*Phelsuma ornata*) ist für viele Pflanzen der Insel ein wichtiger Bestäuber.

Wenn man auf Junk ist, sehnt man sich nach dem Pusher wie nach einem Geliebten.

William S. Burroughs,
Junkie, Bekenntnisse eines unbekehrten Rauschgiftsüchtigen

Die Kunst der Manipulation

Weil sich die Pflanzen nicht vom Fleck rühren können, bleibt ihnen in bestimmten Lebensphasen häufig nichts anderes übrig, als mit Tieren zusammenzuarbeiten. So greifen sie etwa auf die mobilen Tiere zurück, um ihre Samen zu verbreiten, ihre Bestäubungschancen zu erhöhen oder sich effektiv zu verteidigen. Die Zusammenarbeit zwischen Pflanzen und Tieren, für die sich zahllose Beispiele anführen ließen, hat sich jedenfalls für beide Seiten als vorteilhaft erwiesen. Denn normalerweise werden die Tiere für ihre Dienstleistung belohnt: Der Bestäuber erhält leckeren, energiereichen Nektar, der Vogelkurier eine schmackhafte Frucht, und auch der Mensch, ein geradezu traumhafter Samenkurier, weil er die Samen der Nutzpflanzen auf der ganzen Welt verteilt, wird durch Speise und Schönheit erfreut.

Doch nicht immer ist die Sache so sonnenklar. Manche heimtückische oder opportunistische Pflanze enthält den diensteifrigen Tieren die Belohnung nämlich vor. So bleiben die Kletten – von denen sich der Klettverschluss hat inspirieren lassen – am Fell der Tiere haften, ohne dass diese irgendetwas davon hätten. Oder die Pflanzen täuschen die

Übrigens hält die uralte Meinung, dass man Gewürze benutzte, um zu übertünchen, dass das Essen schon halb verrottet war, keiner genauen Untersuchung stand. Bei den Leuten, die sich die meisten Gewürze leisten konnten, war es am wenigsten wahrscheinlich, dass sie schlecht gewordenes Fleisch verzehrten. Ohnehin waren Gewürze zu kostbar, um damit «anrüchiges» Essen zu tarnen.

Bill Bryson, *Eine kurze Geschichte der alltäglichen Dinge*

Lange Zeit wurde Wolle vor allem mit den Disteln der Wilden Karde (*Dipsacus fullonum*) gekämmt. Eigentlich soll die Distel allerdings am Fell vorbeistreifender Tiere haften bleiben.

Tiere, die ihnen das Leben erleichtern, durch Mimikry. Aber das wäre ja auch nichts Neues: Schließlich kennen sich alle Lebewesen mit Betrug, Täuschung und Falschmeldungen aus, warum also nicht die Pflanzen? Wirklich interessant wird es eigentlich erst, wenn man sich anschaut, mit welchen Mitteln die Tiere manipuliert werden.

Extraflorale Nektarien: Von Dealern und Konsumenten

Federico Delpino (1833–1905), ein zu Unrecht vergessener italienischer Botaniker, und der berühmte Charles Darwin führten Mitte des 19. Jahrhunderts einen regen Briefwechsel über sogenannte extraflorale Nektarien. Ihre Meinung dazu hätte unterschiedlicher nicht sein können. Bei vielen Arten sondern nicht nur die Blüten Nektar ab, was eigentlich zu erwarten wäre, sondern auch Zweige, Keimlinge oder Blattachseln. Während der Blütennektar offensichtlich Bestäuber anlocken soll, schien lange rätselhaft, welche Aufgabe der extraflorale Nektar haben sollte. Laut Darwin handelte es sich dabei einfach um Reststoffe, die die Pflanze irgendwie entsorgen musste. Die extrafloralen Nektarien seien folglich Ausscheidungsorgane, und die Blütennektarien hätten sich, so meinte Darwin sogar, erst evolutionär daraus entwickelt.

Delpino konnte das allerdings nicht überzeugen. Er hielt es für äußerst unwahrscheinlich, dass die Pflanzen einen zuckerhaltigen Stoff, den sie unter großem Energieaufwa nd produzierten, einfach so vergeudeten. Ein derart süßes Produkt konnte nicht «überflüssig» sein. Wenn Pflanzen einen so wertvollen Stoff absonderten, so Delpino, mussten sie einen Nutzen davon haben. Er vertrat darum die Ansicht, dass die Pflanzen auch mit dem extrafloralen Nektar Insekten anlockten. Die Frage war nur, wozu? Bei den Blüten war die Sache klar, aber was sollten Insekten auf Zweigen und Blättern? Delpino beschäftigte sich schließlich über Jahre mit der Frage und entdeckte am Ende ein Phänomen mit dem wenig attraktiven Namen «Myrmekophilie»

Nesocodon mauritianus, eine seltene, auf Mauritius endemisch vorkommende Glockenblume, erlangte gegen Ende der 1980er-Jahre eine gewisse Berühmtheit, weil man entdeckte, dass ihr roter Nektar Geckos als Bestäuber anzieht.

Ameisen können dem extrafloralen Nektar, der von Zweigen, Trieben und Blattachseln vieler Pflanzen produziert wird nicht widerstehen.

(von griechisch *myrmex*, Ameise, und *phílos*, Freund). Was ist damit gemeint? Manche Pflanzen – Delpino nennt in seiner Monografie von 1886 gut tausend – ziehen durch extrafloralen Nektar Ameisen an, die sie dafür vor anderen Insekten und Schädlingen schützen. Es geht also auch hier um einen Handel zwischen Pflanzen und Tieren, doch diesmal wird süßer Nektar gegen den Schutz vor Angreifern getauscht.

Die Zusammenarbeit zwischen Pflanzen und Ameisen kann unglaublich raffiniert sein, wie etwa bei vielen Bäumen und Sträuchern der ursprünglich in Afrika und Lateinamerika beheimateten Gattung *Acacia*. Manche Akazien produzieren sogar spezielle Früchte für die Ameisen und bieten ihnen ein eigenes Heim, wo sie leben und ihre Larven aufziehen können. Und das ist noch nicht alles: Wie diese seltsamen TV-Verkäufer, die immer mehr Waren aufstapeln, um die Zuschauer zum Kauf zu animieren, bieten die Akazien den Ameisen nicht nur Unterschlupf und Nahrung, sondern ein zusätzliches Gratisgetränk aus ihren extrafloralen Nektarien. Die Ameisen kümmern sich als Gegenleistung um alle tierischen und pflanzlichen Feinde, die der Wirtspflanze irgendwie schaden könnten. Und das mit vollem Einsatz: Sie halten nicht nur alle Insekten fern, die auf die unglückselige Idee kommen sollten, sich der Pflanze zu nähern, sondern attackieren sogar Gegner, die milliardenfach größer sind als sie selbst. Die Ameisenscharen fallen nicht selten sogar über riesige Pflanzenfresser wie Elefanten oder Giraffen her.

Doch die Ameisen vertreiben nicht nur kleine und große Tiere von der Pflanze. Sie zermalmen auch erbarmungslos jeden Halm im Umkreis von einem Meter. Darum

Samen der Öhrchen-Akazie (*Acacia auriculiformis*) mit gelbem Ring. Dieser entsteht durch eine Gewebevergrößerung und zieht durch seine Färbung und Nährstoffhaltigkeit Ameisen an.

stehen die Akazienbäume mitten im Amazonasregenwald auf kreisrunden Flächen ohne einen einzigen Halm. Weil die indigene Bevölkerung sich das nicht erklären kann, nennt sie die Kreise «Teufelsgärten». Die Kooperation scheint also für Pflanzen und Ameisen die perfekte Lösung, eine klassische mutualistische Symbiose und Win-win-Situation. Doch bei näherem Hinsehen sieht die Sache schon weniger idyllisch aus. Denn in Wahrheit verbirgt sich hinter der Fassade gegenseitigen Wohlwollens eine Geschichte der schamlosen Ausbeutung: Die Akazien manipulieren und betrügen, was das Zeug hält.

Der extraflorale Nektar der Pflanze ist, wie gesagt, zuckersüß und kalorienreich. Und wie wohl jedem schon einmal aufgefallen ist, werden Insekten durch Zucker unwiderstehlich angelockt. Jahrelang schien hier des Rätsels Lösung zu liegen. Doch der extraflorale Nektar enthält neben harmlosem Zucker noch zig weitere chemische Stoffe: Alkaloide, nicht eiweißhaltige Aminosäuren wie γ-Aminobuttersäure, Taurin oder β-Alanin, die für das Nervensystemder Tiere eine wichtige Steuerungsfunktion besitzen, weil sie die neuronale Erregbarkeit und somit das Verhalten beeinflussen. So ist γ-Aminobuttersäure (GABA) beispielsweise der wichtigste hemmende Neurotransmitter bei Wirbeltieren und Wirbellosen, also auch bei Ameisen. Wenn sich seine Konzentration durch die Aufnahme von extrafloralem Nektar verändert, verändert sich folglich das Verhalten der Ameisen. Und die im Nektar enthaltenen Alkaloide wie etwa Koffein oder Nikotin wirken sich nicht nur auf die kognitiven Fähigkeiten der Ameisen aus, sondern machen auch abhängig.

Wie man seit Kurzem weiß, können Akazien und viele andere myrmekophile Arten die Stoffe ihres extrafloralen Nektars modulieren und somit das Verhalten der Ameisen beeinflussen. Und nicht nur das: Wie erfahrene Dealer locken Akazien die Ameisen zunächst mit süßem, alkoholhaltigem Nektar an, um ihr Verhalten, wenn sie dann einmal abhängig sind, nach Belieben zu steuern. Durch die Modulation von Menge und Qualität der neuroaktiven Stoffe im Nektar werden die Ameisen etwa aggressiver oder bewegungsfreudiger. Nicht schlecht für pflanzliche Wesen, die wir für hilf- und wehrlos halten. Doch weil die Pflanzen unverrückbar im Boden verankert sind, haben sie die chemische Manipulation der Tiere zur Kunstform erhoben.

Meine erste Begegnung mit Chili-Süchtigen

Nicht dass Sie nun glauben, wir Menschen wären gegen den raffinierten Zaubertrank immun, mit dem Pflanzen Tiere manipulieren. Im Gegenteil. Dafür müssen wir uns nur einmal die Chili, auch Peperoncini genannt, anschauen.

Ich stamme selber aus Kalabrien, wo Chili mit wahrem Heldenmut verspeist werden. Die meisten Kalabresen lieben es, scharf zu essen. Trotzdem sind nicht alle Chilisüchtig. Die Süchtigen sind noch immer eine Klasse für sich, mit einer ganz besonderen Beziehung zur Schärfe. Ich bin ihnen schon als Kind begegnet, in einem Alter also, in dem einen alles Außergewöhnliche, ob Dinge oder Menschen, mit Staunen erfüllt. Besonders gut erinnere ich mich an eine Hochzeit, zu der meine Familie eingeladen war. Es war August, und meiner Meinung nach müssten öffentliche und private Feiern in diesem Monat eigentlich verboten werden. Vom Warten vor der Kirche bis zum allerletzten Tanz muss man bei einer echten süditalienischen Hochzeit – aber auch bei Hochzeiten in anderen Teilen der Welt, wie ich später erfahren musste – gut und gerne vierzehn Stunden in Anzug und Krawatte leiden, bei für vernünftige Menschen eigentlich unerträglichen Temperaturen.

Jedenfalls trafen sich nach der Kirche damals alle zum Hochzeitsmahl am Meer. Als Kind blieben mir Anzug und Krawatte glücklicherweise erspart, aber in den steifen, dunklen und engen Anziehsachen, die einem anscheinend jede Bewegungsfreiheit nehmen sollten, fühlte ich mich rundum unwohl. Und da ich gerade kräftig wuchs, passten sie mir auch immer nur ein paar Wochen und engten mich bei der nächsten Hochzeit an Schultern, Bauch und Beinen

Als Chili bezeichnet man die Schoten vieler mexikanischer Paprikaarten aus der Familie der Nachtschattengewächse.

schon so stark ein, dass sie die endlosen Feierlichkeiten noch unerträglicher machten.

Ich saß also mit den anderen Kindern am Tisch und ließ die Tortur über mich ergehen. Meine Eltern schienen ganz Kalabrien zu kennen; jahrelang waren Hochzeitsfeiern an allen Frühlings- und Sommerwochenenden unsere Hauptbeschäftigung. Doch irgendwann wusste ich, wie ich das überleben konnte. Punkt eins: Ich musste die Hitze ignorieren, Schweißbäche und klebende Stoffe klaglos ertragen und das Unerträgliche geduldig hinnehmen – dass ich mich damit in der großen Tradition der Stoiker befand, wurde mir erst als Erwachsener klar. Punkt zwei: Ich musste möglichst wenig essen und nur das, was ich wirklich mochte, und durfte mich von keinem Tablett, das man an mir vorbeischleppte, verführen lassen, wenn es nichts Leckeres darauf gab. Bei einer Hochzeit, die diesen Namen verdient, wurde nämlich früher oder später fast alles aufgetragen, was man sich denken konnte.

Ich wartete also geduldig und betrachtete mit kaum verhohlenem Hochmut die anderen Hochzeitsgäste, die sich mit Vorspeisen vollstopften und schon stöhnten und seufzten, ehe das eigentliche Hochzeitsmahl überhaupt begonnen hatte. Schlau, wie ich war, ließ ich mir noch Platz für die Nachspeisen, meine Lieblingsgänge. Wenn die Kellner den Käse und unzählige Desserts auftischten und die anderen Gäste schon nach Luft schnappten, fing ich erst zu essen an.

Doch um die Langeweile dieser nicht endenden Tage zu überstehen, brauchte es noch anderes. Ich hatte ein Survival-Kit dabei: ein Abenteuerbuch und ein Comicheft. Eine Strategie, die sich jahrelang bewährt hatte. Doch mit dieser Hochzeit sollte alles anders werden. Dort begegneten mir nämlich zum ersten Mal wahre Chili-Esser. Chili wurden natürlich ständig und überall verwendet; selbst mein Vater, den man erst im Erwachsenenalter dazu bekehrt hatte, verspeiste sie zu allem außer zu Kaffee. Jeder Kalabrese aß mehr oder weniger gewohnheitsmäßig scharf. Doch mit einem wahren Chili-Süchtigen ist das nicht zu vergleichen.

Sie kamen zu fünft, alle ähnlich gekleidet, als gehörten sie einer Bruderschaft an. Sie trugen Anzug, Weste und Krawatte. Der Anzug schien aus schwarzem, schwerem Wolltuch, auch wenn ich heute fast denke, das bilde ich mir nur ein. Jedenfalls schritten sie zielstrebig auf einen Tisch zu, merkwürdig synchron, als hielten sie sich an eine lang geprobte und erprobte Choreografie. Sie schoben gleichzeitig die Stühle weg, setzten sich und dann: die Überraschung. Vollkommen synchron zog jeder aus einem Beutel einen großen Bund Chili hervor. Rote und grüne, so lang wie Croissants. Wunderschön anzusehen. Sie legten sie sorgfältig neben dem Teller ab, zwischen Rotweinglas und Gabel, also in Reichweite der linken Hand, und warteten, dass das Essen kam.

Ich saß am Nachbartisch und konnte sie genau beobachten: Mit ernster Miene saßen sie da, lachten höchstens verhalten und schienen mir angespannt, als warteten sie auf etwas. Sie wechselten ein paar Worte über die Feier, strichen ab und zu beinah liebevoll über ihre Chili, befühlten sie und warfen einen kurzen Blick auf die der anderen. Trotz ihrer großen, sonnengegerbten Hände gingen sie mit den Chili vorsichtig um. Und als dann die Kellner mit dem Essen kamen, konnte ich ausführlich die präzisen Gesten beobachten, an denen man überall auf der Welt einen Chili-Süchtigen erkennt. Mit der Rechten führt er das Essen zum Mund, mit der Linken umfasst er die Schote. So sitzt er vor jedem Gericht. Ein Happen Essen, ein Happen Chili, Essen–Chili, Essen–Chili, Essen–Chili, präzise wie ein Uhrwerk und egal, was auf dem Teller liegt. An dem unverrückbaren Wechsel Essen–Chili und daran, dass er kein Gericht ohne die scharfe Beilage isst, erkennt man den wahren Süchtigen.

Ich erinnere mich noch haargenau an den gleichmäßigen Rhythmus, den Takt, der auch dann nicht ins Stolpern geriet, wenn eine Schote aufgegessen und die nächste vom Bund abgerissen werden musste. Es war wie eine perfekte Maschinerie, durch jahrelange Übung bestens geschmiert. Damals als Kind dachte ich, die fünf hätten irgendein exotisches Ritual aus fernen Ländern mitgebracht. Danach sollten mir dann noch viele Chili-Süchtige begegnen, in Kalabrien, aber auch überall sonst auf der Welt, in China, Ungarn, Chile, Marokko, Indien, und alle einte das unstillbare Bedürfnis, jede Mahlzeit durch große Bissen mitgebrachtem Chili abzurunden. Den überzeugten Chili-Esser, ob er nun mit Gabel, Stäbchen oder Fingern isst, erkennt man daran, dass er unbeirrbar an dem rhythmischen Wechsel von Mahlzeit und Chili festhält.

Doch mich beeindruckte damals vor allem, dass die fünf trotz der Hitze, der dunklen, schweren Anzüge und der verputzten Chili-Mengen nicht schwitzten. Wie war das möglich? Ich zerfloss unter der glühenden Sonne Kalabriens, doch auf der Stirn der Männer sah ich keinen einzigen Schweißtropfen. Als säßen sie bei einem Picknick in Cornwall. Die Sache ließ mir keine Ruhe. Darum überwand ich

Mit der Scoville-Skala misst man die Schärfe von Chili. Die Skala reicht vom Wert Null für Gemüsepaprika bis zu 2.200.000 Wärmeeinheiten für sehr scharfe Sorten.

Chili-Art	Scoville-Wärmeeinheit
Carolina Reaper	2.200.000
Trinidad Scorpion	1.463.700
Bhut Jolokia (Ghost Pepper)	1.041.427
Red Savina Habanero	250.000 — 577.000
Chocolate Habanero	200.000 — 385.000
Scotch Bonnet	150.000 — 325.000
Orange Habanero	150.000 — 325.000
Fatalii	125.000 — 325.000
Devil Toung	125.000 — 325.000
Kumataka	125.000 — 150.000
Datil	100.000 — 300.000
Birds Eye	100.000 — 225.000
Jamaican Hot	100.000 — 200.000
Bohemian	95.000 — 115.000
Tabiche	85.000 — 115.000
Tepin	80.000 — 240.000
Haimen	70.000 — 80.000
Chiltepin	60.000 — 85.000
Thai	50.000 — 100.000
Yatsufusa	50.000 — 75.000
Pequin	40.000 — 58.000
Super Chile	40.000 — 50.000
Santaka	40.000 — 50.000
Cayenne	30.000 — 50.000
Tobasco	40.000 — 50.000
Aji	40.000 — 50.000
Jaloro	40.000 — 50.000
De Arbol	15.000 — 30.000
Manzano	12.000 — 30.000
Hidalgo	6.000 — 10.000
Puya	5.000 — 10.000
Hot Wax	5.000 — 10.000
Chipotle	5.000 — 8.000
Jalapeño	2.500 — 8.000
Guajillo	2.500 — 5.000
Mirasol	2.500 — 5.000
Rocotillo	1.500 — 2.500
Pasilla	1.000 — 2.000
Mulato	1.000 — 2.000
Ancho	1.000 — 2.000
Poblano	1.000 — 2.000
Espanola	1.000 — 2.000
Pulia	700 — 3.000
Coronado	700 — 1.000
Numex Big Jim	500 — 2.500
Sangria	500 — 2.500
Anaheim	500 — 2.500
Sante Fe Grande	500 — 750
El Paso	500 — 700
Peperoncini	100 — 500
Cherry	0 — 500
Piment	0
Gemüsepaprika	0

irgendwann meine kindliche Schüchternheit und fragte einen der Männer zaghaft, ob das, was sie da so inbrünstig aßen, wirklich normale Chili seien oder nicht doch eine weniger scharfe Sorte, die das Schwitzen verhindert. Das war, wie man sich vorstellen kann, genau die falsche Frage. Fragen Sie einen Chili-Süchtigen nie, ob seine Chili scharf sind! Für seine Zungenknospen, von den Jahren des Missbrauchs unheilbar verätzt, kann es nicht scharf genug sein. Der Mann fragte mich höflich und zuvorkommend, ob ich nicht einfach probieren wolle. Ein winziges Stückchen. Nur, damit ich eine Vorstellung bekäme. Es war, als hätte ich glühende Lava im Mund. Eine höchst unangenehme Erfahrung, die wohl jeder schon einmal gemacht hat. Trotzdem verlangt es ein Drittel der Weltbevölkerung, ungefähr zweieinhalb Milliarden Menschen, regelmäßig nach diesen Qualen. Wie kann das sein?

Um das zu klären, wollen wir uns zunächst einmal die Pflanze näher anschauen, die den ganzen Wirbel verursacht. Als Chili oder Peperoncini bezeichnet man bestimmte Arten der Gattung Paprika (*Capsicum*), die das Molekül Capsaicin, das für das Brennen verantwortlich ist, in besonders hoher Dosis enthalten. Insgesamt gibt es allerdings nur wenige nicht scharfe Paprikaarten. Angebaut werden vor allem fünf: *Capsicum annuum, C. frutescens, C. pubescens, C. baccatum* und *C. chinense*. Obwohl die Paprika eigentlich als mehrjähriger Strauch wächst, wird sie wegen ihrer kältebedingt kurzen Lebensdauer meist wie eine einjährige Pflanze behandelt. Sie stammt ursprünglich aus Amerika, wo sie in Küche und Medizin der indigenen Bevölkerung schon vor achttausend Jahren eine bedeutende Rolle spielte. Erst Kolumbus sollte die Chili von seinen Amerikafahrten nach

Europa mitbringen, und wie viele andere Pflanzen der Neuen Welt wurde sie dort begeistert aufgenommen und verbreitete sich schließlich weiter. Es dauerte nicht einmal ein Jahrhundert, da waren die Chili fester Bestandteil der italienischen, ungarischen (wo die Paprika herkommt), indischen, chinesischen, ostafrikanischen und koreanischen Küche und eroberten in einem unvergleichlichen Feldzug die entlegensten Winkel der Erde.

Ausgerechnet ihre Schärfe machte die Chili so begehrt. Im Jahr 1912 entwickelte der amerikanische Forscher Wilbur Scoville schließlich eine Skala zur Messung der Schärfe, die sogenannte Scoville-Skala. Der Extrakt einer Schote wird dazu in eine Wasser-Zucker-Lösung gegeben und von einer Testgruppe anschließend so lange weiter verdünnt, bis keine Schärfe mehr wahrnehmbar ist. An der Anzahl der Verdünnungen, die mit zunehmender Schärfe steigt, lässt sich die Scoville-Wärmeeinheit (SHU – Scoville Heat Unit) einer Schote ablesen. Eine milde Paprika hat null Shu, während pures Capsaicin 16 Millionen Shu entspricht. 16 Millionen Shu ist die maximale Schärfe, die Chili erreichen können, ein Wert, der für manchen mindestens dieselbe Anziehungskraft besitzt wie die Lichtgeschwindigkeit oder der absolute Temperaturnullpunkt. Diese unüberwindbare Grenze ist der Heilige Gral jedes Chili-Süchtigen.

Mit den verschiedensten – erlaubten und unerlaubten – Techniken werden Jahr für Jahr neue, schärfere Sorten gezüchtet. Man will die Grenze weiter verschieben und den ebenso unerreichbaren wie vollkommenen 16 Millionen Shu einen Schritt näher kommen. Die Namen der neuen Varianten sagen alles: Normalerweise sollen die Namen neuer Züchtungen Anmut, Ehrlichkeit, Freundschaft und Schön-

Den aktuellen Schärfe-Weltrekord hält die Sorte *Carolina Reaper*.
Weltweit werden jährlich, auf einer Gesamtfläche von circa 4 Millionen Hektar, über 33 Millionen Tonnen Chili erzeugt.

heit ausstrahlen, aber die der neuen Schärfemonster zeugen von brutaler Zerstörungskraft. Viele heißen Hölle, Teufel, Atomenergie und Tod oder beschwören Geister und Krankheiten herauf, aber auch Tiger, Skorpion, Viper, Kobra, Komododrache, Tarantel und ähnlich nettes Getier bevölkern die Bilderwelt der Züchter.

Im Jahr 2013 hat der «Carolina Reaper» – der Schnitter von Carolina, den wir uns sonst als Skelett mit riesiger Sense vorstellen, der hier aber Schoten mit mehr als 10 Prozent Capsaicin bezeichnet – den astronomischen Wert von 2 Millionen Shu erreicht. Und damit den «Skorpion von Trinidad» und den «Ghost Pepper» vom Schärfe-Thron gestoßen.

Jahr für Jahr wird die weltweite Messlatte dank neuer Rekordschärfen noch ein wenig angehoben, und Millionen von Menschen auf der ganzen Welt verzehren sich nach einem Exemplar, um davon zu kosten und es zu vermehren. Je schärfer die Chili sind, desto häufiger werden sie vermehrt – weil Chili-Süchtige nach Capsaicin in immer höheren Dosen lechzen. In den USA kann man mittlerweile das scharfe Gewürz «16 Million Reserve» kaufen. «Scharf» ist allerdings ein Euphemismus. Es handelt sich nämlich um reine Capsaicin-Kristalle, die am Markt leicht Tausende Dollar kosten können.

Aber was ist Capsaicin überhaupt? Bei Capsaicin handelt es sich um ein Alkaloid, das beim Kontakt mit Nervenenden den Rezeptor TRPV1 aktiviert. Der Rezeptor hat die Aufgabe, dem Gehirn bedrohliche Wärmegrade zu melden, und schaltet sich normalerweise bei ungefähr 43 °C ein. TRPV1 soll uns davon abhalten, glühendes Eisen anzufassen, kochend heiße Suppe zu löffeln oder Ähnliches zu tun, was unsere Gesundheit gefährden würde. Capsaicin warnt uns mit einem Schmerz, weshalb es auch von Polizeikräften auf der halben Welt als Pfefferspray eingesetzt wird.

Doch wieso legt sich dann ein Drittel der Weltbevölkerung ein Alkaloid, das ein furchtbares Brennen auslöst, in Mengen auf die hochempfindsame Zunge? Es gibt dafür mehrere Erklärungsansätze, und fast immer wird als psychologische Ursache der sogenannte «gutartige Masochismus» von Paul Rozin angeführt, wonach bestimmte Menschen das Brennen und andere bedrohliche Eindrücke als attraktiv empfänden. Chili zu essen sei für sie so ähnlich wie Achterbahn fahren. Obwohl ihr Körper die Gefahr wahrnehme, änderten sie ihr Verhalten nicht, weil sie ja genau wüssten, dass die Situation im Grunde ungefährlich sei. Und wenn sie sich dem Reiz wiederholt aussetzten, würde aus dem anfänglichen Unbehagen schließlich sogar Vergnügen.

Mich hat diese wenn auch sehr durchdachte Theorie nie wirklich überzeugt. Aus mehreren Gründen: Weil ich erstens zwar gern scharf esse, aber weder Achterbahnfahren noch Bungee-Jumping oder Ähnliches attraktiv finde; weil, zweitens, meine Frau die Schärfe liebt, sich aber beim harmlosesten Horrorfilm die Augen zuhält; weil, drittens, die heißhungrigen Chili-Süchtigen, die ich kenne, zu den sanftesten Menschen überhaupt gehören und Bedrohungen meiden wie die Pest; und weil es mir, viertens, unwahrscheinlich vorkommt, dass ein Drittel der Weltbevölkerung über einen Charakterzug verfügen soll, der mir doch eher selten scheint. Aber vielleicht liege ich auch falsch. Für Rozin spricht immerhin, dass eine Lebensmittelstudie, die John Hayes und Nadia Byrnes 2013 mit siebenundneunzig Probanden durchgeführt haben, eine signifikante Korrelation zwischen der «Suche nach dem Kick» und der Vorliebe für Scharfes nachweisen konnte.

Meiner Theorie nach sind Chili bei vielen Menschen darum so beliebt, weil sie genauso wie die direkt auf das Gehirn wirkenden pflanzlichen Alkaloide Koffein, Nikotin oder Morphin abhängig machen. Zum besseren Verständnis meiner These möchte ich noch einmal auf das Brennen im Mund zurückkommen. Wenn der Körper den Schmerz auf der Zunge wahrnimmt, schickt er ein Signalfeuer ans Gehirn, woraufhin dieses umgehend schmerzlindernde Endorphine ausschüttet. Endorphine sind Botenstoffe, die eine ähnlich schmerzstillende und physiologische Wirkung wie Morphin besitzen, aber wesentlich stärker sind. Sie bilden das Schmerzlinderungssystem unseres Körpers und sind der Schlüssel zum Verständnis der rätselhaften Macht der Chili.

Die Annahme, dass man von Endorphinen abhängig werden kann, ist keineswegs absurd: So beruht auch der sogenannte Runner's High, das Läuferhoch, auf Endorphinen. Wenn Sie ein Laufsport-Fan sind oder Freunde haben, die einen Ausdauersport wie Marathon, Langstreckenschwimmen oder Radfahren betreiben, haben Sie vielleicht schon davon gehört, dass sich nach anhaltenden sportlichen Anstrengungen eine Euphorie einstellen soll, die dem starken Glücksgefühl oder Wohlbehagen bei einem Drogentrip ähnelt. Lange gab es keinen wissenschaftlichen Beweis für ihre Existenz, und man hakte das Ganze eher unter Laufsport-Mythos ab. Doch 2008 hat eine deutsche Studie, die Ausdauersportler vor und nach der Sportausübung untersuchte, den euphorischen Zustand hieb- und stichfest belegt.

Den Runner's High gibt es also wirklich. Verantwortlich dafür sind vom Gehirn ausgeschüttete Endorphine, deren schmerzlindernde Wirkung auch erklärt, warum die Schmerzschwelle bei Ausdauersportarten häufig erhöht ist. Wie viele Marathonläufer sind schon mit Brüchen oder anderem weitergelaufen, was sonst gar nicht auszuhalten gewesen wäre! Auch Menschen, die massenhaft Chili essen, sind darum tendenziell weniger schmerzempfindlich. In den letzten Jahren konnte die schmerzlindernde Wirkung von Capsaicin mehrfach wissenschaftlich belegt werden.

Vor diesem Hintergrund erklärt sich nun endlich auch die Überschrift dieses Kapitels. Wie andere süchtig machende Pflanzen verlassen sich auch die Chili auf chemische Stoffe, um den wichtigsten tierischen Samenkurier, den

Menschen, an sich zu binden. Doch was die Pflanze noch interessanter macht: Während viele pflanzliche Drogen auf das Gehirn verschiedener Tiere wirken, entfalten Chili ihre Wirkung nur beim Menschen. Bislang sind keine weiteren Säugetiere bekannt, denen Chili schmecken würden.

Die Paprikapflanzen haben sich, evolutionär betrachtet, offenbar mit Capsaicin angereichert, weil sie dadurch weniger anfällig für Pilzinfektionen wurden. In Gegenden mit hoher Infektionsgefahr stieg darum die natürliche Capsaicin-Konzentration. Die schärferen Sorten konnten sich zudem stärker verbreiten, weil Vögeln der Rezeptor fehlt, der bei Säugetieren das unangenehme Brennen auslöst.

Galapagos- und Mauritius-Schildkröten waren auf ihren Inseln früher die wichtigsten Samenkuriere.

Das Capsaicin hielt zwar die Säugetiere auf Distanz, die die Samen mit der Schote zermalmen, aber nicht die Vögel. Diese hervorragenden Kuriere zerkauten den Samen nicht nur nicht, sondern trugen ihn auch noch in alle Welt. Aber der wahre Vorteil des Capsaicin sollte sich erst später enthüllen, als es den Chili gelang, den Menschen durch eine atypische Abhängigkeit an sich zu binden. Einen traumhafteren Kurier konnten sie nicht finden.

Wenn Sie jetzt noch immer nicht davon überzeugt sind, dass uns das Capsaicin zu Chili-süchtigen Pflanzensklaven degradiert hat, dann müssen Sie nur einmal über einen der Tausenden Chili-Märkte gehen, die Jahr für Jahr auf der ganzen Welt stattfinden. Im dritten Jahrtausend sieht das Umfeld der Chili-Süchtigen etwas anders aus als in meiner Kindheit mit ihren traditionellen Hochzeiten und dunklen Anzügen. Heute flanieren die Fans über Märkte, studieren genüsslich die Zusammensetzung von Saucen, deren Namen Horrorfilmen entsprungen scheinen, tragen Mützen mit dem Capsaicin-Molekül – manche Fanatiker lassen sich die Molekülstruktur sogar auf den Hals tätowieren – oder T-Shirts mit der Aufschrift «Pain is good». Wenn das keine Sucht ist ...

Und derweil finden Chili in der Küche immer größere Verbreitung. Selbst in Ländern, die gegen die Heimtücke der scharfen Genüsse eigentlich immun schienen, werden Chili nun in eben noch unvorstellbaren Mengen verbraucht. Die Strategie der Pflanze ist aufgegangen: Der Mensch wird immer süchtiger und dient ihr ergeben. Nur weil die Pflanze den Menschen an sich zu binden wusste, konnte sie sich in wenigen Jahrhunderten überall auf der Welt verbreiten. Kein anderer Samenkurier hätte das in so kurzer Zeit vermocht. Und die Zukunft kann eigentlich nur noch besser werden: Denn es ist doch erheblich einfacher und bequemer, sich durch ein leckeres Chili-Gericht einen Endorphin-Trip zu verschaffen als durch einen 42,195 Kilometerlauf!

Chemische Manipulation

Neben den Chili mit ihrem Alkaloid gibt es noch zahlreiche pflanzliche Wirkstoffe, die auf das tierische Gehirn wirken. Die Wirkweise dieser Stoffe ist gut erforscht, doch warum sie überhaupt auf das Gehirn von Tieren wirken, ist bis heute unklar. Warum wenden Pflanzen Energie für die Produktion von Molekülen auf, die Tiere beeinflussen können?

Laut neuester neurobiologischer Forschungen hängt jede Drogensucht auch immer damit zusammen, dass abhängig machende Moleküle das Belohnungszentrum im Gehirn aktivieren. Wenn wir etwas tun, was für unser Überleben von Vorteil ist, werden wir von unserem Belohnungszentrum, das sich als Reaktion auf Reize wie Nahrung, Wasser, Sex schon sehr früh entwickelt hat, mit Lustgefühlen belohnt und wollen die belohnte Handlung folglich wiederholen. Eine Drogenabhängigkeit kann daher entstehen, weil es einen immer wieder nach den Molekülen verlangt, die das Belohnungssystem einmal aktiviert haben.

Doch alle Theorien, die sich mit der Evolution pflanzlicher Drogen beschäftigen, betrachten die wichtigsten Alkaloide wie Koffein, Nikotin etc. nur als Nervengifte, mit denen Pflanzenfresser bestraft und entmutigt werden sollen. Denn es könne nicht sein, dass die Evolution Pflanzen-

Die berühmte Lotusblume ist eine seit jeher bewunderte Wasserpflanze. Mit ihren leuchtend weißen, rosa, roten oder blauen Blüten lockt sie Insekten als Bestäuber an.

stoffe hervorbringt, die Tiere durch Belohnung zum Verspeisen der Pflanze animieren sollen. Dieser offenkundige Widerspruch wird in der Ökologie «drug-reward paradox» – Drogenbelohnungsparadox genannt. Wenn wir jedoch davon ausgehen, dass die neuroaktiven Pflanzenmoleküle keine bloße Abschreckungswaffe sind, sondern Tiere anziehen und manipulieren sollen, wäre der Widerspruch sofort aufgehoben. Die Interaktion zwischen Pflanzen und Tieren erschiene in einem völlig neuen ökologischen Licht und würde der Neurobiologie zudem neue Perspektiven zur Bekämpfung der Drogensucht eröffnen.

Doch kehren wir nun zum extrafloralen Nektar vom Anfang des Kapitels zurück. Die Beziehung zwischen Pflanzen und Ameisen mit ihrer langen gemeinsamen Evolutionsgeschichte bietet sich nämlich geradezu an, um diese These zu überprüfen. Wenn wir, wovon ich überzeugt bin, zeigen können, dass die von den Pflanzen produzierten neuroaktiven Moleküle dazu dienen, die Ameisen in ihrem Sinn zu manipulieren, hätten wir nämlich einen endgültigen Beweis für die These. Unser Bild von den Pflanzen würde dadurch allerdings über den Haufen geworfen. Pflanzen wären dann keine simplen, passiven, den Tieren hilflos ausgelieferten Wesen mehr, sondern hochkomplex und in der Lage, andere zu manipulieren.

Das nenne ich einen Rollentausch.

///

6 GRÜNE DEMOKRATIEN

Bei den Pflanzen ist alles netzförmig, von den Blattnerven bis zum Wurzelapparat.

Demokratie ist auf der Überzeugung aufgebaut,
dass gewöhnliche Menschen ungewöhnliche Fähigkeiten haben.

Harry Emerson Fosdick

Eine Regierung des Volkes ohne Informationen für das Volk
oder die Mittel, diese zu erlangen, kann nur der Prolog für
eine Farce oder eine Tragödie oder vielleicht sogar für beides sein.

James Madison, *The Writings of James Madison*

Ein paar Vorbemerkungen zum Körper der Pflanzen

Eine Pflanze ist kein Tier. Eigentlich eine banale Aussage, aber wie ich festgestellt habe, kann man sie gar nicht oft genug wiederholen. Denn weil sich unsere Vorstellung von komplexen, intelligenten Lebensformen unweigerlich an den Tieren orientiert, halten wir die Pflanzen, in denen wir nichts davon wiederfinden, unbewusst für passive Lebewesen, die «dahinvegetieren», und sprechen ihnen alle typisch tierischen Fähigkeiten wie Bewegung oder Intelligenz ab. Wir müssen uns darum immer wieder daran erinnern, dass die Bauweise der Pflanzen auf einer völlig anderen Blaupause beruht als die der Tiere, auf einem Modell, das so anders ist, dass sich Science-Fiction-Filme daneben ausnehmen wie Kinderfantasien.

Pflanzen besitzen keinerlei Ähnlichkeit mit uns. Unser letzter gemeinsamer Vorfahr lebte vor 16 Millionen Jahren, zu einer Zeit, als das Leben gerade das Wasser verließ, um den festen Boden zu erobern. Damit trennten sich die Wege von Pflanzen und Tieren. Die Tiere bewegten sich am Boden fort und passten ihr Leben daran an, die Pflanzen dagegen schlugen Wurzeln und machten das unerschöpfliche

Hierarchien, Autoritäten: Ausdruck der Verletzung
von Naturgesetzen; gehören abgeschafft.
Die Pyramide: Gott, König, die Besten, das Volk,
aber angepasst an die Basis.

Carlo Pisacane, *La rivoluzione*

Sonnenlicht zu ihrer Energiequelle. Dem Erfolg nach zu urteilen, trafen sie damit eine überaus glückliche Entscheidung: Heute gibt es keinen Flecken Erde, der nicht von Pflanzen besiedelt wäre. Auch wenn die Schätzungen der pflanzlichen Biomasse recht unterschiedlich sind, sprechen alle den Pflanzen mindestens 80 Prozent der Gesamtmasse zu. Anders gesagt: Die Pflanzen machen mindestens 80 Prozent der Masse des Lebens auf der Erde aus. Eine atemberaubende Zahl, die von der außergewöhnlichen Durchsetzungsfähigkeit der Pflanzen zeugt.

Die ursprüngliche Entscheidung, sich am Boden zu verankern, hat schließlich jede weitere Veränderung im pflanzlichen Aufbau bestimmt. Die Pflanzen unterscheiden sich heute daher so stark von den Tieren, dass sie nahezu unbegreifliche Lebewesen für uns geworden sind. Pflanzen haben kein Gesicht, keine Gliedmaßen oder anderen Körperteile, die denen der Tiere ähneln würden. Sie sind für uns darum quasi unsichtbar. Weil wir nur sehen, was wir verstehen, und nur verstehen, was uns ähnelt, betrachten wir sie als Teil der Landschaft, als Lebewesen, die mit unserer Komplexität nichts zu tun haben.

Doch worin unterscheidet sich die pflanzliche Bauweise überhaupt von unserer? Wodurch scheinen uns die Pflanzen so anders, dass wir sie kaum verstehen? Ein erster entscheidender Unterschied ist, dass Pflanzen, anders als wir, keine einfachen oder doppelten Organe besitzen, die für bestimmte Körperfunktionen zuständig sind. Weil Pflanzen unverrückbar im Boden wurzeln und nicht fliehen können, stehen sie bei einem Angriff durch Fressfeinde vor einem echten Problem: Ihnen bleibt nichts anderes übrig, als den Angriff geduldig zu ertragen. Das ist allerdings einfacher gesagt als getan, und das Wunder kann ihnen nur gelingen,

Die Zwergpalme (*Chamaerops humilis*, von griech. *chamái*, am Boden, und *rhōps*, Busch) gehört zu den weitverbreiteten Pflanzen der mediterranen Macchia.

weil sie anders aufgebaut sind als Tiere. Weil sie keine oder zumindest sehr viel weniger offensichtliche Schwachpunkte besitzen. Ein Schwachpunkt wären etwa Organe. Hätten Pflanzen ein Gehirn, zwei Lungenflügel, eine Leber, zwei Nieren und so weiter, würden sie dem erstbesten Angriff selbst durch winzige Insekten zum Opfer fallen, sobald eins ihrer Organe verletzt würde. Hier liegt der Grund dafür, dass Pflanzen keine Organe wie Tiere besitzen, was aber nicht etwa bedeutet, dass sie über deren Funktionen nicht verfügen. Wenn die Pflanzen Augen, Ohren, Gehirn und Lunge besäßen, würde niemand bezweifeln, dass sie sehen, hören, rechnen und atmen können, aber da ihnen all das fehlt, können wir uns nur mit Mühe vorstellen, dass auch sie raffinierte Fähigkeiten ausgebildet haben.

Bei den Pflanzen verteilen sich die Funktionen, die bei den Tieren in spezifischen Organen konzentriert sind, normalerweise auf den ganzen Körper. Dezentralisierung heißt das Zauberwort. Mittlerweile wissen wir, dass Pflanzen mit dem ganzen Körper atmen, sehen – wie im Kapitel «Die raffinierte Kunst der Nachahmung» dargelegt –, rechnen und so weiter. Nur weil bei ihnen alle Funktionen auf den gesamten Körper verteilt sind, können sie Angriffe überleben und bleiben selbst dann noch funktionsfähig, wenn ihnen ein Großteil des Körpers abhandenkommt. Die pflanzliche Bauweise sieht kein Gehirn vor, das das Kommando übernehmen würde, und keine einfachen oder doppelten Organe, die davon abhängig wären. Mit ihrer modular aufgebauten, kooperativen und verteilten Architektur ohne Kommandozentrale, die selbst wiederholten desaströsen Angriffen standhält, sind Pflanzen gewissermaßen der Inbegriff der Modernität.

Ein klassisches Beispiel dafür ist etwa ihre Feuerbeständigkeit. Pflanzen haben selbst gegen Feuer, dem Zerstörer par excellence, eine geniale Überlebensstrategie entwickelt. Manche vertragen Feuer, andere ertragen es, und wieder andere vertrauen ihren Lebens- und Fortpflanzungszyklus wiederholten Bränden im Unterholz an. In jedem Fall hat die Feuerbeständigkeit der Pflanzen etwas Wundersames.

Ich möchte Ihnen ein Beispiel nennen, das ich selbst erlebt habe. Üblicherweise verbringe ich meinen Sommerurlaub im östlichen Sizilien, in einer Gegend mit wilden Zwergpalmen (*Chamaerops humilis*), der einzigen europäischen Palmenart. Immer wieder werden die wunderbaren, zum Meer hin abfallenden Hügel mit den Zwergpalmen von Bränden verwüstet. Sie kehren mit schöner Regelmäßigkeit zumeist alle zwei Jahre wieder – anscheinend befolgen die Brandstifter einen rigiden Zerstörungsplan. Doch trotz der katastrophalen Brände, an die ich mich nie gewöhnen werde, sind die Palmen nach jedem Mal noch da. Manche versengt, andere zu Kohle geworden und einige sogar zu Asche. Aber aufgrund der Genügsamkeit, der sie ihren lateinischen Namen verdanken, treiben sie schon wenige Tage später wieder aus. An den Bäumen, in denen man nicht das geringste Leben mehr vermutet hätte, zeigen sich hie und da erste rührende hellgrüne Triebe, die vor der schwarzen Asche ringsherum besonders farbenfroh wirken. Eine klare Demonstration der Widerständigkeit, die nur den Pflanzen möglich ist – eben weil sie keine Kommandozentrale besitzen und alle Funktionen im ganzen Körper verteilt sind.

Problemlöser und Problemvermeider

Wie wir gesehen haben, sind viele Lösungen der Pflanzen denen der Tierwelt diametral entgegengesetzt: Wie bei einem Negativ ist das, was bei dem einen weiß ist, bei dem anderen schwarz und umgekehrt. Die Tiere sind mobil, die Pflanzen sesshaft; die Tiere ernähren sich von anderen Lebewesen, die Pflanzen geben anderen Lebewesen Nahrung. Tiere produzieren CO_2, Pflanzen binden es, Tiere sind Verbraucher, Pflanzen Erzeuger und so weiter. Allerdings ist der meiner Meinung nach entscheidende Unterschied zwischen Pflanze und Tier allgemein eher unbekannt: nämlich der genannte zwischen Konzentration und Dezentralisierung.

Die für die Tiere typische Zentralisierung ermöglicht zweifellos schnellere Entscheidungen. Das kann ein Vorteil sein, aber nicht unbedingt, weil manche Entscheidung gründlich erwogen sein will. Im Leben der Pflanzen spielt Schnelligkeit dagegen keine Rolle. Sie fällen zur Lösung eines Problems keine schnelle, sondern vor allem eine gute Entscheidung. Die Behauptung, Pflanzen fänden bessere Lösungen als Tiere, mag auf den ersten Blick vielleicht gewagt oder irrational scheinen. Doch was macht uns überhaupt so sicher, dass Tiere den Pflanzen in puncto Problemlösung überlegen sind?

Schaut man sich die Sache näher an, stellt man nämlich fest, dass Tiere in jeder Stresssituation unweigerlich auf dieselbe Weise reagieren, mit einer Art Passepartout für jeden Notfall. Wundersamerweise antworten sie auf jeden Stress mit «Fortbewegung» – die sich vielfach als Überreaktion entpuppt, wie ein Faustschlag, der die Sache ein für alle Mal regeln soll. Die Tiere machen sich, wie immer das Problem auch aussieht, vom Acker. Wenn es nichts zu fressen gibt, wenn es zu heiß, zu kalt, zu feucht oder zu trocken ist, wenn die Konkurrenz zu groß oder zu aggressiv ist oder der Fortpflanzungspartner fehlt: Sie brechen auf und suchen woanders. Die Liste ließe sich beliebig fortsetzen. Für zig Notfälle haben Tiere offenbar nur eine Lösung: Flucht. Wobei Flucht, genau betrachtet, nicht mal eine Lösung ist, sondern höchstens der Versuch, dem Problem aus dem Weg zu gehen. Tiere lösen Probleme also nicht, sondern wollen sie vermeiden.

Da die Fortbewegung für Tiere also entscheidend ist und in Gefahrenmomenten die Antwort der Wahl, arbeitet die Evolution seit Jahrmillionen daran, ihre Flucht zu optimieren. Unter diesem Gesichtspunkt betrachtet, ist ein hierarchisch strukturierter Körper, dessen Kommandozentrale alle Entscheidungen trifft, die beste aller Welten.

Für Pflanzen spielt Schnelligkeit hingegen keine Rolle. Wenn es zu heiß oder zu kalt wird oder plötzlich vor Angreifern wimmelt, ist eine schnelle Reaktion für sie unerheblich. Sie müssen vor allem eine funktionierende Lösung finden, damit sie trotz Hitze, Kälte oder Fressfeinden überleben. Ein dezentraler Körperbau bringt für diese schwere Aufgabe die wesentlich besseren Voraussetzungen mit. Wie wir sehen werden, ermöglicht er innovativere Lösungen und durch die Verwurzelung auch eine wesentlich genauere Kenntnis der Umgebung.

Wer eine optimale Lösung entwickeln will, muss zunächst präzise Daten erheben. Die sesshaften Pflanzen haben daher ein außergewöhnliches Wahrnehmungsvermögen entwickelt. Als fluchtunfähige Wesen können sie nur überleben, weil sie unentwegt die verschiedensten chemischen und physischen Parameter, wie Licht, Schwerkraft, verfügbare Mineralstoffe, Feuchtigkeit, Temperatur, mechanische Reize, Boden- und Luftbeschaffenheit, analysieren. Sie beurteilen Stärke, Richtung, Dauer, Intensität und weitere spezifische Eigenschaften der Umgebungsreize, registrieren biotische Signale, also die mitunter hochkomplexen Signale anderer Lebewesen, wie die Entfernung zu anderen Pflanzen, die Art der Nachbarpflanzen, die Anwesenheit von Schädlingen, Symbionten oder Pathogenen, und reagieren darauf. Was zeigt, wie unsinnig es ist, Pflanzen für empfindungslose Lebewesen zu halten.

Während die Tiere bei negativen Umweltveränderungen irgendwann die Flucht ergreifen und Veränderungen aus dem Weg gehen, passen sich Pflanzen unermüdlich an ihre sich beständig wandelnde Umgebung an.

Wurzelschwärme und Insektenstaaten

Ein Rätsel bleibt noch zu klären: Wie schaffen die Pflanzen das überhaupt ohne Gehirn, dem zentralen Organ jeder tierischen Reaktion? Mit welchen Systemen arbeiten sie stattdessen? Oder allgemeiner gefragt: Wie finden sie die richtige Antwort auf die sich ständig wandelnden Umweltreize? Lassen Sie mich dazu etwas weiter ausholen. Am besten betrachten wir dazu die Wurzel, das wichtigste Organ aller verwurzelten Wesen.

Zweifellos ist der Wurzelstock der wichtigste Teil der Pflanze. Seine Wurzelspitzen bilden ein Netzwerk, das beständig weiter vorrückt, wie eine Front. Die Front besteht

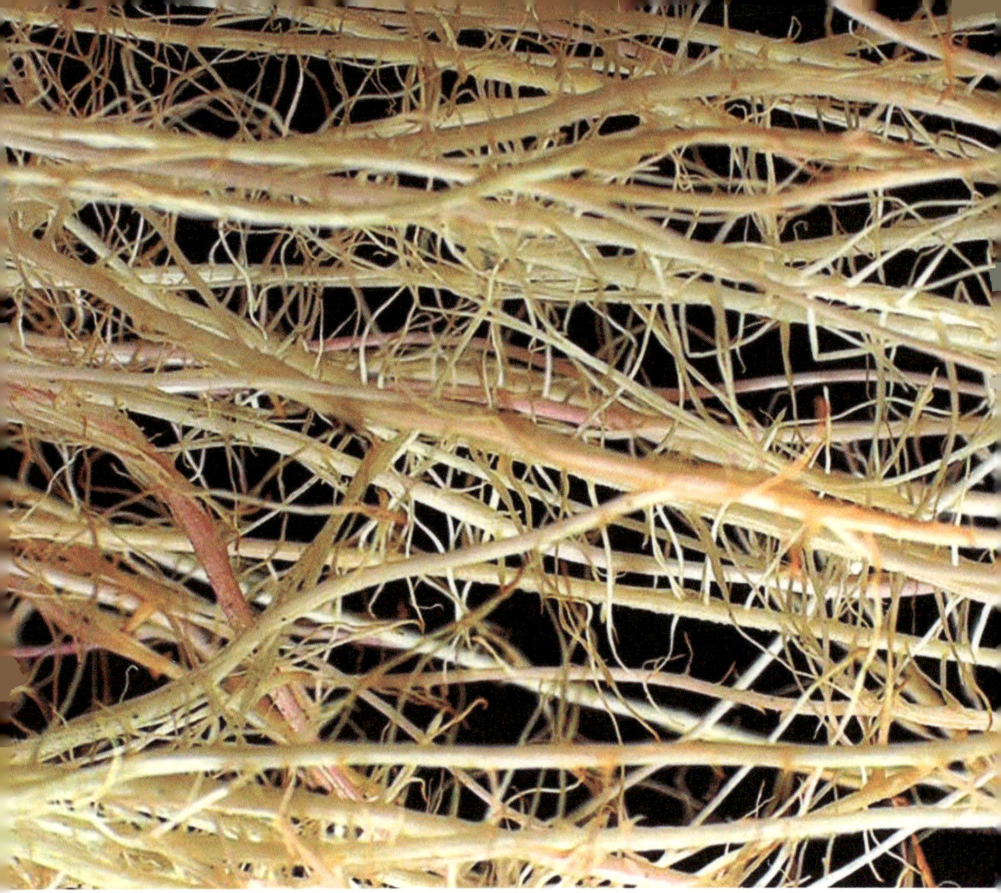

Im Wurzelstock der Pflanzen, einem dezentral organisierten System, interagieren Millionen von Wurzelspitzen miteinander.

dabei aus unzähligen winzigen Kommandozentralen, die auf Basis der von allen gesammelten Daten bestimmen, in welche Richtung die Wurzel wächst. Letztendlich entscheidet also der gesamte Wurzelstock – wie ein kollektives Gehirn oder eine über eine enorme Fläche verteilte Intelligenz – über die Wachstumsrichtung. Und während die einzelnen Wurzeln wachsen und sich entwickeln, sammeln sie sämtliche für Ernährung und Überleben der Pflanze wichtigen Daten. Die vorrückende Front kann unter Umständen gigantische Ausmaße annehmen. So kann eine einzige Roggenpflanze zig Millionen Wurzelspitzen entwickeln. Das klingt beeindruckend, verblasst aber schnell neben dem Wurzelapparat eines ausgewachsenen Baums. In diesem Fall müssen wir wohl, ohne die genauen Zahlen zu kennen, von mehreren Milliarden Wurzelspitzen sprechen. In einem Kubikzentimeter Waldboden wurden nämlich über tausend Wurzelspitzen gezählt. Realistische Schätzungen für einen ausgewachsenen Baum in natürlicher Umgebung fehlen allerdings bislang, was uns einiges über die Schwierigkeiten verrät, den im Boden versteckten Pflanzenteil zu erforschen. Dass die Forschung hier noch keine größeren Fortschritte gemacht hat, liegt vor allem an den mangelnden Techniken und Geräten zur Beobachtung der Wurzelbewegungen. Gesicherte Erkenntnisse wären hier nur durch nicht invasive 3D-Analyseinstrumente möglich, die den gesamten Wurzelapparat kontinuierlich überwachen. Und die fehlen noch.

Doch trotz aller technischen Hindernisse wurde in den letzten Jahren Erstaunliches entdeckt, etwa hinsichtlich der Mechanismen und Taktiken der Wurzeln zur Bodenerkundung. Wurzeln gehen dabei so effizient vor, dass sie sogar zum Vorbild für Roboter wurden. Unbekanntes Gelände ohne genaue Karten und Orientierungspunkte zu erkunden, ist für einen zentralistisch organisierten Roboter keine leichte Aufgabe, und sei seine Technik noch so ausgefeilt. Viele kleine, parallel vorgehende Erkundungs-«Agenten» ohne zentrale Steuerung können den Boden dagegen wesentlich effizienter durchforsten.

In letzter Zeit vertraut man bei technologischen Problemen daher immer häufiger auf die Lösungen der Natur. Allerdings erforscht man dabei nicht nur die Pflanzenwelt.

Wenn etwa unbekannte Gelände im Kollektiv erkundet werden sollen, greift man als Vorbild und Inspirationsquelle auf die Insektenstaaten zurück.

Viele Tiere, die als Gruppe handeln, zeigen besondere Verhaltensweisen. So verhalten sich Insekten- oder Vogelschwärme durch eigentlich einfache Handlungsanweisungen wie ein Organismus. Heute ist das Schwarmverhalten ein zunehmend bedeutsameres Forschungsgebiet, weil wir dadurch nicht nur grundlegende Erkenntnisse zum Gruppenverhalten gewinnen, sondern uns auch bei verschiedenen Technologien davon inspirieren lassen können. Es bietet nämlich zwei Vorteile: Erstens ist dieser Organismus äußerst widerstandsfähig, weil es kein zentrales Rechen- und Kommunikationszentrum gibt, und außerdem gut planbar, weil selbst komplexe Verhaltensweisen auf einfachen Datenübermittlungsregeln zwischen den einzelnen Erkundungs-Agenten beruhen.

Lange Zeit glaubte man allerdings, Schwärme würden nur von Tieren gebildet, Insekten, Vögeln oder Fischen. Doch von einer abstrakteren Warte aus betrachtet, ist jede nicht zentral organisierte, aber kollektiv handelnde Gemeinschaft, in der die Mitglieder autonom entscheiden und untereinander auf Basis simpler Regeln kommunizieren, ein Schwarm. Also auch die Pflanzen, weil sie mit ihrer modularen Struktur einer Insektenkolonie ähneln.

Dass Pflanzen eine modular aufgebaute Kolonie sind, ist keineswegs eine neue Vorstellung. Schon der griechische Philosoph und Botaniker Theophrast (371–287 v. Chr.) hat die Wiederholung als das Wesen der Pflanze bezeichnet, und auch Erasmus Darwin und Johann Wolfgang von Goethe betrachteten die Bäume als Kolonien sich wieder-

Vogelschwärme sind ein Beispiel für die emergenten Eigenschaften von Gruppen. Einfache Regeln ermöglichen dabei komplexe Ergebnisse.

Wie Ameisenstaaten sind auch Termitenstaaten zu sehr komplexen Verhaltensweisen in der Lage.

Eine gigantische Banyan-Feige (*Ficus benghalensis*) mit riesigen Luftwurzeln.

holender Elemente. Der französische Botaniker Francis Hallé beschrieb die Pflanzen zudem vor nicht allzu langer Zeit als metamerische Organismen, deren Körper eine Gemeinschaft gleicher Teile sei, und stellte fest, man könne den Wurzelstock aufgrund der Rekursivität der Module und der Iteration hierarchischer Ebenen mit den Methoden der Fraktalanalyse untersuchen.

Wenn ein Wurzelapparat den Boden erkundet, wachsen seine Wurzeln also auch ohne zentrales Nervensystem keineswegs chaotisch, sondern hoch koordiniert und zielstrebig. Die Wurzeln können nicht nur sehr geringe Sauerstoff-, Feuchtigkeits-, Temperatur- und allgemein Nährstoffunterschiede (Gradienten) wahrnehmen, sondern den Gradienten auch höchst zuverlässig bis zum Ursprung zurückverfolgen. Wieso sie sich allerdings nicht von den häufigen lokalen Schwankungen in die Irre führen lassen, bleibt bislangein Rätsel.

Vor einigen Jahren haben mein Kollege František Baluška und ich daher beschlossen, die Wurzeln als kollektiven Organismus zu erforschen und wie einen Vogelschwarm oder Ameisenstaat zu betrachten. Der Ansatz sollte sich als äußerst fruchtbar erweisen. Die Struktur des Wurzelapparats sowie die Geländeerkundung und Ressourcennutzung durch die Wurzel ließen sich zuverlässig als Schwarmverhalten beschreiben, wie man es sonst von Insektenkolonien kennt. So kann etwa eine einzelne Ameise die Ursache sehr geringer Gradientenabweichungen kaum aufspüren, weil lokale Schwankungen sie unweigerlich in die Irre führen würden. Nur das Kollektiv kann das scheinbar unüberwindliche Hindernis überwinden, weil der Ameisenstaat wie eine integrierte Sensoren-Matrix arbeitet, die fortlaufend alle gesammelten Umweltdaten verarbeitet. Durch unsere Forschungen konnten wir zeigten, dass die Wurzelspitzen wie ein Ameisenstaat zusammenarbeiten und Störungen durch lokale Schwankungen so minimieren können.

Und wie bei einem Ameisenstaat scheint auch das Übertragungsprotokoll zwischen den Wurzelspitzen, also den autonomen Agenten, auf Stigmergie zu basieren. Stigmergie bezeichnet eine typische Technik dezentral organisierter Systeme, bei der Veränderungen der Umgebung als Kommunikationsinstrument verwendet werden. So schaffen Ameisen oder Termiten etwa durch Auslegen einer Pheromon-Spur aus einfachen Lehmkügelchen verblüffend komplexe Bauwerke, wie Nester mit Bögen, Pfeilern, Räumen und Fluchtwegen. Doch Stigmergie ist nicht auf Insekten beschränkt. So kann man auch das Internet, bei dem die Anwender Nachrichten in einer gemeinsam genutzten Umgebung hinterlassen, in vieler Hinsicht als stigmergisches System betrachten.

Die Pflanzen nutzen also die emergenten Eigenschaften von Gruppeninteraktionen zur Problemlösung und können so mitunter hochkomplexe Lösungen entwickeln. Und da sich dieses für dezentrale Organisationsformen ohne Hierarchieebenen typische Vorgehen zudem als äußerst wirkungsvoll erwiesen hat, kommt es überall in der Natur vor, auch im menschlichen Verhalten.

Athener, Bienen, Demokratie und Pflanzenmodule

Der Begriff Demokratie kommt bekanntlich aus dem Griechischen (von *démos*, Volk, und *krátos*, Herrschaft, also Volksherrschaft) und beschreibt sehr zutreffend und überzeugend die wunderbare neue Herrschaftsform, die Athen der Menschheit um 500 v. Chr. geschenkt hat und die mittlerweile der Eckpfeiler unserer Zivilisation ist. Allerdings hat sich die Vorstellung von Demokratie und folglich davon, wie die Machtausübung durch das Volk aussehen muss, im Lauf der Zeit erheblich verändert. Wenn sich ein Athener aus dem klassischen Griechenland plötzlich in einem unserer heutigen demokratischen Länder wiederfinden würde, würde er wohl kaum noch irgendeine Ähnlichkeit zur Regierungsform seiner Zeit ausmachen können.

In der attischen Demokratie gab es eine sogenannte Volksversammlung (*ecclesía*), der alle Bürger über achtzehn Jahren angehörten und deren Mehrheitsentscheidungen für Legislative und Regierung bindend waren. Es handelte sich also um eine direkte Demokratie, bei der die Macht unmittelbar ausgeübt wurde. Unsere heutigen Systeme, die als repräsentative Demokratie bezeichnet werden, haben damit nur noch wenig gemeinsam.

Schon in der Antike wurde allerdings hitzig darüber diskutiert, ob es nicht effizienter sei, die Entscheidungsmacht an Volksvertreter zu delegieren. So zweifelt Sokrates in Platons *Protagoras* erheblich daran, ob das Volk, dem es an den nötigen Kenntnissen mangle, überhaupt über Fragen des öffentlichen Lebens entscheiden könne:

Ich halte nämlich, wie auch wohl alle Hellenen tun, die Athener für weise, und nun sehe ich, wenn wir in der Gemeinde versammelt sind, und es soll im Bauwesen der Stadt etwas geschehen, so holen sie die Baumeister zur Beratung über die Gebäude; wenn im Schiffswesen, dann die Schiffbauer und in allen andern Dingen eben so, welche sie für lehrbar und lernbar halten. Will sich aber ein Anderer unterfangen ihnen Rat zu geben, von dem sie glauben, daß er kein Kunstverwandter in dieser Sache ist, sei er auch noch so schön und reich und vornehm: so nehmen sie ihn doch nicht an, sondern lachen ihn aus und betreiben Lärm bis er entweder heruntergelärmt von selbst wieder abtritt, oder die Gerichtsdiener ihn herunterziehen oder herausschaffen auf Geheiß der Prytanen. Und in allem, wovon sie glauben, daß es auf Kunst beruhe, verfahren sie so. Wenn aber über Verwaltung der Stadt etwas zu ratschlagen ist, so steht Jeder auf und erteilt ihnen seinen Rat: Zimmermann, Schmied, Schuster, Krämer, Schiffsherr, Reiche, Arme, Vornehme, Geringe, einer wie der andere, und niemand macht einem Vorwürfe darüber, wie im vorigen Falle, daß er ohne dies irgendwo gelernt zu haben, oder seinen Meister darin aufzeigen zu können, sich nun doch unterfangen wolle Rat zu geben. Offenbar also glauben sie, dies sei nicht lehrbar.

In jeder Kritik an der direkten Demokratie taucht, vom Goldenen Zeitalter der Antike bis heute, unweigerlich wieder Sokrates' Argumentationslinie auf, mit der er dem attischen Volk das letzte Wort über das öffentliche Leben der Polis absprach. Selbst dass diese Zeit der direkten Demokratie die vielleicht fruchtbarste Epoche der Menschheit war, gilt den Kritikern als zu vernachlässigendes Detail. Die

Euphorbia dendroides (Baum-Wolfsmilch) ist ein typischer Busch der mediterranen Macchia, der mit seinem Stamm und den dichotomen Ästen bis zu zwei Meter groß werden kann.

Befürworter der Oligarchie führen bis heute sogenannte «natürliche» Gründe dagegen ins Feld, die ihrer Meinung nach gewichtig und aussagekräftig sind. Kurz gesagt, sie halten Hierarchien – oder salopper, das Recht des Stärkeren oder der Wildnis – für naturgegeben. Auch wenn das nicht jedem schmecke, könnten wir uns dem nicht entziehen. In *Gorgias*, einem anderen berühmten Dialog Platons, sagt Kallikles: «Allein ich denke, die die Gesetze geben, das sind die Schwachen und der große Haufe. (…) Die Natur selbst aber, denke ich, beweiset dagegen, daß es gerecht ist, daß der Edlere mehr habe als der Schlechtere, und der Tüchtigere als der Untüchtige.»

Doch wie jedem klar sein dürfte, lässt sich eine so komplexe Frage nicht so einfach beantworten. Und um es gleich vorwegzunehmen und mit einem weitverbreiteten Irrtum aufzuräumen: Hierarchien, bei denen Einzelne oder eine bestimmte Gruppe für die Allgemeinheit entscheiden, sind in der Natur selten. Sie fallen uns nur stärker ins Auge, weil wir mit unserem menschlichen Blick darauf schauen. Auch wenn ich mich wiederhole: Wir sehen nur das uns scheinbar Ähnliche und ignorieren alles andere.

Doch nicht nur sind Oligarchien selten, Hierarchien ein Hirngespinst und die sogenannten Gesetze der Wildnis der reinste Unsinn, viel entscheidender ist, dass sie auch noch schlecht funktionieren. In der Natur arbeiten dezentrale große Organisationsformen ohne Kommandozentrale unzweifelhaft effizienter. Nach neueren Erkenntnissen der Biologie des Gruppenverhaltens sind Entscheidungen, die von vielen getroffen werden, fast immer angemessener als die, die nur wenige treffen. Manchmal ist die Problemlösungsfähigkeit von Gruppen sogar geradezu verblüffend. Das Argument, die direkte Demokratie widerspreche allen Naturgesetzen, ist also nur eine verführerische Lüge, um den widernatürlichen Machthunger des Menschen zu rechtfertigen.

Betrachten wir einmal die tierischen Gemeinschaften. Sie müssen fortlaufend entscheiden, welche Richtung sie nehmen, was sie als Nächstes tun und wie sie es tun. Welche Verhaltensmodelle liegen ihren Entscheidungen zugrunde? Vertrauen sie die Entscheidung Einzelnen oder wenigen an, orientieren sie sich also an einem Modell, das Larissa Conradt und T. J. Roper sehr erhellend als «despotisch» bezeichnen, oder lassen sie möglichst viele «demokratisch» entscheiden? Die meisten Wissenschaftler hätten früher ohne Zögern gesagt, die Entscheidungen von Tieren lägen ausschließlich in der Hand von einem oder wenigen.

Sie waren sich dessen aus einem einfachen Grund so sicher. Die Fähigkeit zu demokratischen Entscheidungen hängt normalerweise von zwei Dingen ab: Man muss in der Lage sein, abzustimmen und die Stimmen zu zählen. Beides kann man von Tieren kaum sagen, und darum schienen Entscheidungsprozesse bei anderen als menschlichen Gruppen bis vor Kurzem unmöglich. Doch seit einigen Jahren beschäftigt sich die Forschung vermehrt mit nonverbalen Kommunikationsmitteln wie Körperbewegungen, Lautäußerungen, der Positionierung im Raum oder der Signalstärke, die die Entscheidungsfähigkeit tierischer Gemeinschaften in einem völlig neuen Licht erscheinen lassen.

Im Jahr 2003 veröffentlichten die bereits erwähnten Wissenschaftler Conradt und Roper eine Studie über die gemeinsame Entscheidungsfindung bei Tieren. Wie sie sehr erhellend feststellen, sind Gruppenentscheidungen in der Tierwelt die Regel und «demokratische» Entscheidungen weitaus am häufigsten. Im Vergleich zur «despotischen» Entscheidung sind die Kosten für die Mitglieder der Gemeinschaft nämlich geringer. Selbst wenn der «Despot» das erfahrenste Gruppenmitglied ist, führen demokratische Entscheidungen bei großen Gruppen zu besseren Ergebnissen. Gruppenentscheidungen entsprechen den Bedürfnissen der Mehrheit besser, und das gilt auch, wenn der Entscheider ein «aufgeklärter Herrscher» ist. Wie Conradt und Roper schreiben, neigen demokratische Entscheidungen weniger zum Extrem und dienen daher eher dem Gruppenwohl.

An einem Bienenstaat können wir beispielsweise sehr genau sehen, wie dynamisch sich Tiergruppen verhalten. Weil Bienen offenkundig soziale Wesen sind, wusste man schon in der Antike, als man von «Schwarmintelligenz» oder «kollektiver Intelligenz» noch nichts gehört hatte, dass ein Bienenstaat weitaus mehr ist als die Summe seiner Teile. Seine organisatorischen Grundmechanismen erinnern an die Funktionsweise des Gehirns, wobei die einzelne Biene einem Neuron entspricht. Das wird besonders deutlich, wenn der Schwarm eine Entscheidung treffen muss, etwa ausschwärmt und sich teilt.

Hat ein Bienenstaat eine gewisse Größe erreicht, muss er sich teilen und einen neuen Staat bilden. Dazu schwärmt eine Königin mit etwa zehntausend Arbeiterinnen aus und macht sich auf die Suche nach einem neuen Nistplatz. Das neue Volk entfernt sich erst einmal ausreichend vom alten Stock und lässt sich dann für ein paar Tage auf einem Baum nieder. Nun geschieht Erstaunliches: Die Kundschafterinnen studieren die Umgebung, kehren mit den gesammelten Informationen zurück und «stellen diese zur Diskussion». Es findet wie im klassischen Athen eine demokratische Debatte statt.

Doch wie entscheiden so viele Bienen nun über den besten Platz für ihren neuen Staat? Mit einem beständig weiterentwickelten und bewährten Gruppenprozess. In der Natur gibt es Abertausende Beispiele für kollektives Verhalten. Systeme ohne Kommandozentrale finden sich überall. Auch wenn es uns nicht bewusst ist, beruhen sogar unsere individuellen Entscheidungen, die wir jeweils nur für uns treffen, auf kollektivem Verhalten: Die Neuronen in unserem Gehirn, die für unsere Gedanken und Gefühle

Bienenschwärme entscheiden sich, wie die meisten Gruppen in der Tierwelt, gemeinsam für die Option, die in der Gruppe die größte Zustimmung findet.

verantwortlich sind, gehen genauso vor wie die Bienen, die über den besten Nistplatz entscheiden. In beiden Fällen erwächst die Entscheidung vor allem aus einem Wettstreit der Optionen: Die Option mit der größten Zustimmung trägt schließlich den Sieg davon, ob bei den Neuronen, die elektrische Signale produzieren, oder den tanzenden Insekten.

Doch verlieren wir die Bienen nicht aus dem Blick, die nun im Baum hängen. Die Kundschafterinnen haben mittlerweile mehrere Optionen geprüft, nun kehren sie zurück und informieren den Schwarm über die besuchten Plätze. Die Präsentation der Kundschafterinnen ist wahrhaft theatralisch: Sie tanzen. Je besser ihnen ein Ort gefallen hat, desto komplexer der Tanz. Gefällt der Tanz anderen Bienen, machen sich diese auf, begutachten den Platz ebenfalls und schließen sich nach ihrer Rückkehr dem Propagandaballett an. Die Tanzgruppen werden also immer größer; die bestbeworbenen Plätze werden am häufigsten besucht, und die Zahl ihrer Follower steigt. Irgendwann lassen sich dann mehrere Tanzgruppen von einem besonders beeindruckenden Tanz mitreißen, und die Wahl fällt schließlich auf den Ort, für den die meisten Bienen «gevotet» haben. Die Königin macht sich mit ihrem Schwarm dorthin auf.

Bei einem Wettstreit siegt also derjenige, der in seiner Community die größte Zustimmung findet. Das gilt für Bienen ebenso wie für aktivierte Neuronen oder die attische Demokratie. Zudem weisen Forschungen zum Gruppenverhalten von Bakterien, Menschen und natürlich Pflanzen vermehrt noch auf etwas anderes, meiner Meinung nach sehr Wichtiges hin: Allgemeine Gruppenregeln stellen sicher, dass die sich herausbildende kollektive Intelligenz der des Einzelnen überlegen ist. Sollte Ihnen also das nächste Mal jemand erzählen wollen, in der Natur gelte allein das Recht des Stärkeren, dann wissen Sie jetzt Bescheid. Das ist Unsinn, zur Lösung komplexer Probleme führt die Natur im Gegenteil Entscheidungen herbei, die von der Mehrheit mitgetragen werden.

Das *Condorcet-Jury-Theorem*

Wie schon gesagt, besteht zwischen den Bienen, die nach dem besten Nistplatz suchen, und den Neuronen in unserem Gehirn, die nach einer Problemlösung suchen, eine erstaunliche Ähnlichkeit. Ob Bienenschwarm oder unser Gehirn: Dank ihrer Organisation treffen beide angemessene Gruppenentscheidungen, obwohl die einzelnen Gruppenmitglieder, sei es Biene oder Neuron, nur über geringe Informationen und Intelligenz verfügen. Die Entscheidung erfolgt durch demokratische Abstimmung: Die Wahl fällt auf das, was die Mehrheit der Bienen nach der Rückkehr von möglichen Nistplätzen oder die Mehrheit der feuernden Neuronen befürwortet. Denken wir also immer daran, dass auch unsere persönlichen Entscheidungen, wie Entscheidungen sonst in der Natur, durch einen demokratischen Prozess entstehen. Da sich in allen Gruppen ähnliche Systeme herausbilden, müssen wir davon ausgehen, dass es allgemeine Organisationsprinzipien gibt, die dafür sorgen, dass *die Gruppe intelligenter ist als das intelligenteste Gruppenmitglied*.

Im Jahr 1785 stellte Marie Jean Antoine Nicolas Caritat, Marquis de Condorcet, renommierter Ökonom, Mathematiker und Anhänger der Französischen Revolution, eine Theorie zu der Wahrscheinlichkeit auf, dass von Gruppen richtige Entscheidungen getroffen werden. Laut dem sogenannten Condorcet-Jury-Theorem ist die Wahrscheinlichkeit einer richtigen Jury-Entscheidung umso höher, je größer die Jury ist. Die Leistung einer Jury verbessert sich demnach proportional mit der Zahl ihrer Mitglieder, sofern diese fähig und kompetent sind. Kurzum: Wenn eine Gruppe vor einem Problem steht, steigt die Wahrscheinlichkeit einer optimalen Lösung mit der Gruppengröße.

Das Theorem scheint manchem vielleicht banal und nichts weiter als die mathematische Umsetzung des Sprichworts «Vier Augen sehen mehr als zwei», doch es war revolutionär. Condorcet wollte den demokratischen Entscheidungsprozessen damit ein solides Fundament verleihen. Doch darüber hinaus wurde sein Theorem zur theoretischen Grundlage aller Forschungen zur kollektiven Intelligenz, der Intelligenz, die wir zuvor am Beispiel von Wurzeln und Bienen betrachtet haben und auf der auch unsere Gehirnleistung basiert.

Jede Menschengruppe, ob Familie, Unternehmen, Sportmannschaft oder Bundeswehr, hat diese Erfahrung wohl schon gemacht. Doch durch das Internet ist heute die ganze Menschheit miteinander verbunden. Was kann daraus alles entstehen? Die globale Vernetzung ist eine neue Evolutionsstufe, durch die unsere Art neue Fähigkeit erwerben könnte, von denen wir heute noch nichts ahnen. In verschiedenen Bereichen probieren vernetzte Gruppen aus Menschen und Computern die neuen Möglichkeiten schon aus: zum Schreiben von Software-Quellcodes, zur Lösung von technischen Problemen, zum Aufspüren von Lügen, zur Erstellung von Enzyklopädien … Tag für Tag kommen neue Möglichkeiten hinzu.

Unter kollektiver Intelligenz versteht man also die Fähigkeit von Gruppen, vor allem bei komplexen Problemen bessere Entscheidungen zu treffen als der Einzelne. Es gibt sogar schon vielversprechende Anwendungsbereiche dafür. So hat eine von Max Wolf geleitete Arbeitsgruppe der Abteilung «Biologie und Ökologie der Fische» am Leibniz-Institut Berlin – nicht zufällig also Schwarmexperten – kürzlich eine umfangreiche Studie zur gesicherten Mammografie-Brustkrebsdiagnose durch Fachärztegruppen veröffentlicht. Normalerweise geht man dabei von 20 Prozent falsch positiven und 20 Prozent falsch negativen Diagnosen aus. Wolf konnte jedoch zeigen, dass Fachärztegruppen, die typische Instrumente der kollektiven Intelligenz wie Mehrheitsentscheidung mit Quorum anwenden, bessere Diagnoseergebnisse erzielen als die einzelnen Ärzte der Gruppe.

Auf ähnliche Weise konnten zudem erstaunliche Ergebnisse bei der Lösung wissenschaftlicher Fragen erzielt werden, etwa zur Proteinstruktur oder den Eigenschaften von Nanomaterialien. Und im April 2016 gelang es Physikern an der dänischen Universität Aarhus sogar, nachzuweisen, dass sich jahrzehntealte Probleme der Quantenphysik mithilfe von Zehntausenden Online-Spielern lösen lassen.

Was erwartet uns also, wenn wir die Gruppenintelligenz in den nächsten Jahren immer besser nutzen? Wir stehen heute erst am Anfang einer Revolution, die uns sicherlich noch vieles über die wahre Natur der Intelligenz lehren und zur Problemlösung oder zur Erreichung heute noch unvorstellbarer Ziele zunehmend größere Menschenmassen mit einbeziehen wird.

Die doppelte Buchführung der Vernunft

Es ist nicht einfach, sich an den Gedanken zu gewöhnen, dass die meisten Lebewesen auch ohne Gehirn Entscheidungen treffen, Probleme lösen und sich an eine wandelbare Umwelt anpassen. Doch genau das machen die Pflanzen. Sie vertrauen auf die kollektive Intelligenz, die sich dank ihrer Leistungsfähigkeit bei den meisten, wenn nicht allen Lebewesen, auch dem Menschen, durchgesetzt hat und für die es keine Rolle spielt, ob die Lebewesen über ein Gehirn verfügen oder nicht.

Anders als wir gern glauben möchten, fällen wir nämlich die meisten Entscheidungen nicht durch Nachdenken oder Logik, sondern mithilfe der eben beschriebenen Prozesse. Wir nennen das gern Instinkt, und weil wir nicht zugeben wollen, dass dieser unser Handeln bestimmt, verdrängen wir die Tatsache gerne. Wir sehen uns lieber als vernunftbegabte Wesen, die sich allein von klarer Logik leiten lassen. Doch alle Forschung widerspricht dem. Wie oft schon musste ich mir in hitzigen Diskussionen über die Intelligenz der Pflanzen von Kollegen anhören: «Aber diese angeblich so beeindruckenden Reaktionen der Pflanzen sind doch nur Instinkt. Die können gar nicht anders. Intelligenz hieße doch, dass sie logisch denken können.» Wir glauben gern, dass wir Entscheidungen erst nach logischer Analyse aller Vor- und Nachteile fällen oder als nachdenkliche, analytische Wesen jedes Für und Wider sorgsam abwägen. Doch die Wirklichkeit sieht anders aus: Wir entscheiden uns meist unbewusst und mithilfe von Prozessen, die mit Vernunft nichts zu tun haben. Zwei schöne Beispiele hierfür finden wir in der Geschichte. Schauen wir uns zwei kurze Texte bedeutender amerikanischer Persönlichkeiten aus dem 18. und 19. Jahrhunderts an.

Numero eins. Im Jahr 1779 bat Jonathan Williams seinen Großonkel Benjamin Franklin (1706–1790) in einem Brief um Rat. Heute wird Franklins Antwort häufig als ein Ausbund an Vernunft zitiert. Hier die wichtigsten Abschnitte:

Passy, 8. April 1779

Lieber Jonathan,
zu viel Arbeit, zu viele Unterbrechungen durch Freunde und eine kleine Indisposition sind schuld daran, dass ich Deine beiden letzten Briefe erst heute beantworte. (...) Eigentlich weiß ich nicht, was ich Dir bezüglich Herrn Monthieus Vorschlag raten soll. Am besten hörst Du auf Deine Vernunft. Wenn Du Dir nicht sicher bist, würde ich Dir eine Liste empfehlen, in der Du alle Argumente dafür und dagegen in zwei Spalten nebeneinander schreibst. Lass ein paar Tage vergehen und geh dann genauso vor wie bei manchen Gleichungen der Algebra. Schau Dir die Gründe und Rechtfertigungen in beiden Spalten an, überlege Dir, welche etwa gleich schwer wiegen und sich also gegenseitig aufheben, und streiche sie weg. Eins mit eins, eins mit zwei, zwei mit drei und so weiter. Wenn Du alle gleichwertigen Gründe weggestrichen hast, wirst Du sehen, in welcher Spalte noch etwas steht. (...) In vielen wichtigen Situationen, in denen ich mir unsicher war, bin ich nach dieser Moralischen Algebra vorgegangen. Die Methode mag mathematisch nicht ganz präzise sein, aber ich finde sie doch sehr nützlich. Im Übrigen glaube ich, dass Du ohne diese Methode nie heiraten wirst.

Dein Dich liebender Onkel
Benjamin Franklin

Charles Darwin: Das Für und Wider des Heiratens

Heiraten	**Nicht heiraten**
Kinder (so Gott will)	Freiheit, zu reisen, wohin ich will
Eine treue Gefährtin (und eine Freundin im Alter), die sich für mich interessiert	Debatten mit intelligenten Männern im Klub
Liebe und Zerstreuung	Keine Verwandtenbesuche und sonstiger Quatsch
Jedenfalls besser als ein Hund	Keine ökonomischen oder anderen Sorgen wegen der Kinder
Ein Zuhause und jemand, der sich darum kümmert	Vielleicht Streit und vergeudete Zeit
Musik und weibliches Getuschel	Ich kann abends nicht lesen
Gut für die Gesundheit, kostet aber wertvolle Zeit	Fett werden und Müßiggang
	Sorgen und Verantwortung
Aber ach Gott, ich kann doch nicht mein ganzes Leben wie eine Arbeitsbiene nur arbeiten, arbeiten, arbeiten und was bleibt am Ende? Nichts. Nein, das geht nicht. Ein Leben lang allein in einem schmutzigen, verrauchten Haus in London. Ich sollte mir lieber eine zärtliche, verständnisvolle Frau vorstellen, ein Sofa, einen schönen Kamin und Bücher und vielleicht auch Musik. Und das mit der dreckigen Wirklichkeit von Grt. Marlboro Street vergleichen.	Weniger Geld für Bücher Bei vielen Kindern die Notwendigkeit, Geld zu verdienen – zu viel Arbeit ist schlecht für die Gesundheit Vielleicht mag meine Frau London nicht. Das hieße Exil und Verwandlung in einen faulen, trägen Idioten
Heiraten, heiraten, heiraten	

Eine der berühmtesten praktischen Anwendungen der Moralischen Algebra oder doppelten Buchführung der Vernunft findet sich in Charles Darwins Notizbüchern. Keine Ahnung, ob Darwin von Franklins System wusste. Er kannte seine zahlreichen Beiträge zum wissenschaftlichen und technologischen Fortschritt, aber ich kann mir nicht vorstellen, dass er auch seine privaten Briefe gelesen hat. Jedenfalls ein verblüffender Zufall: Ein halbes Jahrhundert später quält sich auch Darwin mit der Frage herum, ob er wirklich heiraten soll. Franklins Schlusssatz scheint ihm auf den Leib geschrieben. Ob er nun Franklins «Methode» kannte oder nicht.

Am 7. April 1838, mit neunundzwanzig Jahren, legt Charles Darwin sich eine Liste mit zwei Spalten an. Unter der Überschrift «Heiraten» und «Nicht heiraten» listet er ausführlich das Für und Wider auf. Sie sehen diese auf der linken Seite.

Meinen Sie, dass Darwin der Lösung seines Problems näher gekommen ist, weil er es in alle Einzelheiten zerpflückt hat, diese mehr oder weniger gewichtet, ordentlich aufgelistet und schließlich geschaut hat, welche Seite überwog? Und für was hat er sich wohl entschieden? Wenn man sich beide Spalten anschaut, spricht eigentlich wenig fürs Heiraten. In der rechten Spalte stehen offenbar mehr und gewichtigere Gegenargumente. Aber Darwin machte es wie Milliarden andere. Voller Begeisterung heiratet er allen Zweifeln und aller Moralischen Algebra zum Trotz schon sechs Monate später seine anmutige, gebildete und reiche Cousine Emma Wedgwood. Das Ergebnis waren zehn Kinder und eine, wie man aus Briefwechseln und den Aussagen von Zeitzeugen schließen muss, glückliche Ehe.

Obwohl wir alle glauben, dass wir mit größerer Wahrscheinlichkeit ein besseres Ergebnis erzielen, wenn wir nach Beurteilung aller verfügbaren Informationen und gründlicher Abwägung von Pro und Kontra eine rationale Entscheidung fällen, beruhen unsere Entscheidungen häufig auf ganz anderem. Unsere Entscheidungen sind nicht irrational, doch sie kommen durch eine andere Vernunft zustande als die, die wir tagtäglich verherrlichen und als logisches Denken idealisieren. Wir haben diese Vernunft mit den Pflanzen gemeinsam. Sie beruht auf evolutionärer Erfahrung und nicht auf den hellwachen Rechenspielen unserer glorifizierten Hirnrinde.

Organisation und Chaos

Benjamin Franklin hat nicht nur die Moralische Algebra erfunden, sondern ist als überaus vielseitiges, produktives Genie in die Geschichte eingegangen. Als einer der Gründerväter der Vereinigten Staaten baute er die erste öffentliche US-Bibliothek mit auf, rief ein College und Freiwillige Feuerwehren ins Leben, war Buchdrucker, Botschafter in Frankreich, Politiker, Wissenschaftler, erster Chef der US-Post und sogar Präsident von Pennsylvania, erfand zudem den Blitzableiter, die erste Bifokalbrille und einen raucharmen Holzofen.

Franklin war also außergewöhnlich vielseitig begabt und kreativ, hatte aber einen seiner Meinung nach unverzeihlichen Fehler: Er war unglaublich unordentlich. Wer ihn in seinem Büro besuchte, erschrak unweigerlich über die ausufernden Papierberge, die sich überall, auf Tischen,

Bücherschränken oder dem Fußboden, auftürmten. Er selber sah das mit großer Sorge. Sein gern wiederholtes Lieblings-Credo lautete nämlich: «Alles an seinem Platz und alles zu seiner Zeit.» Dass er es nicht schaffte, das auch zu leben, empfand er als echtes Laster, von dem er sich mehrfach zu befreien versuchte. Vergebens. «Am meisten Probleme hat mir die Ordnung bereitet. Dass ich unordentlich war, hat mir alles verleidet», schrieb er. Schaut man sich allerdings an, was und wie viel Franklin auf den verschiedensten Gebieten geleistet hat, dann hat der Mangel an Ordnung und die Neigung zum Chaos sein geniales Wirken offensichtlich nicht behindert.

So gesehen muss man sich fragen, ob Ordnung wirklich eine Tugend ist. Natürlich können Bibliothekare oder Archivare und andere, die große Mengen Material gewissermaßen unabhängig vom Inhalt organisieren müssen, ihrer Aufgabe ohne sie nicht gerecht werden. Aber ist es darum gerechtfertigt, Unordnung generell als Fehler zu betrachten? Wer ordentlich ist, denkt in geistig hierarchischen Strukturen, in denen, so Franklin, «alles am Platz ist». Doch woher weiß man eigentlich, wo der richtige Platz für alles ist?

Schauen wir uns einfach mal unseren Schreibtisch an: Wonach soll man die vielen Papiere sortieren? Wie grob sollen die Kategorien sein? Ich möchte hier einmal über meine persönliche Erfahrung berichten. Ich unterrichte an der Universität Florenz und habe daher mit einer erheblichen Bürokratie zu tun. Tag für Tag flattern von allen Seiten die absurdesten Anfragen auf meinen Schreibtisch. Jede Hierarchieebene der himmelhohen italienischen Bürokratiepyramide – auch darum gefallen mir die nicht hierarchischen Pflanzen so – darf von mir das Ausfüllen von

Formularen, Aufstellungen, Rechtfertigungen, Berichte, Erstattungen, Meinungen, Register, Bilanzen, Kostenvoranschläge, im Grunde also alles verlangen, wonach ihnen gerade der Sinn steht, und sie tun es mit Inbrunst und in erschöpfender Häufigkeit.

Am Anfang, als junger Professor, dachte auch ich noch, ein aufgeräumter Schreibtisch zeuge von Effizienz. Ich besorgte mir also Aktenhefter und fing an, die Anfragen der unersättlichen Bürokratie fein säuberlich nach Kategorien abzuheften. Es dauerte nicht lange, und die raumgreifenden Hefter stapelten sich in meinem Büro. Schon bald musste ich einsehen, dass es so nicht weiterging. Wenn ich allem nachkommen wollte, was der fruchtbare Erfindungsgeist der italienischen Bürokratie ersann, würde ich bald ein Lager anmieten müssen. Ich ordnete die Anfragen daher nach Ähnlichkeit und begrenzte die Oberkategorien auf acht.

Das schien zunächst zu funktionieren: Ich sparte Zeit und musste mir nicht aus Platzmangel ein neues Büro suchen. Aber das Experiment war bald beendet. Wenn ich nach etwas suchte, halfen mir die Oberkategorien nicht weiter: Hatte ich den verdammten Reisekostenantrag für Peking jetzt unter Ausland oder unter Reisekostenerstattung abgeheftet? Oder, weil ich dort auch eine Woche unterrichtet hatte, vielleicht doch unter Lehrtätigkeit? So ging es also auch nicht. Unter Aufbringung meiner letzten kreativen Kräfte legte ich nun neun mir vernünftig erscheinende Zwischenkategorien fest – und ersann ungefähr ein Jahr lang starrköpfig die fantastischsten Zuordnungen. Ich habe wirklich geglaubt, ich könnte dem reißenden bürokratischen Fluss mit Vernunft Einhalt gebieten. Was war ich naiv. Aber das Schicksal meinte es gut mit mir. Schließlich stieß ich auf die raffinierteste, aber unvernünftigste Kategorisierung, die man sich denken kann: die unglaubliche chinesische Enzyklopädie *Der himmlische Warenschatz wohltätiger Erkenntnisse*, die Jorge Luis Borges in seiner Erzählung *Die analytische Sprache John Wilkins'* präsentiert. Die Tiere sind dort wie folgt unterteilt:

a) Tiere, die dem Kaiser gehören, b) einbalsamierte Tiere, c) gezähmte Tiere, d) Milchschweine, e) Sirenen, f) Fabeltiere, g) herrenlose Hunde, h) in diese Gruppierung gehörige, i) die sich wie Tolle gebärden, j) unzählbare, k) die mit einem ganz feinen Pinsel aus Kamelhaar gezeichnet sind, l) und so weiter, m) die den Wasserkrug zerbrochen haben, n) die von Weitem wie Fliegen aussehen.

Die Kategorisierung eines Meisters wie Borges war für mich eine Erleuchtung: Es gab einfach unendlich viele Unterteilungsmöglichkeiten – wie beim Paradoxon von Achilles und der Schildkröte des griechischen Philosophen Zenon. Die Bürokratie würde mir immer wieder Anfragen vorlegen, die in keine vorhandene Kategorie passten und darum eine neue Unterteilung verlangten, ähnlich Borges' Kategorie n) die von Weitem wie Fliegen aussehen. Ich kam also zu dem Schluss, dass es besser sei, jede Ordnung aufzugeben und die Anfragen einfach auf meinem glücklicherweise großen Schreibtisch zu stapeln. In einem letzten archivarischen Anfall nannte ich den Stapel «Nervensägenstapel».

Und seitdem ich mich der dunklen Seite der Macht einmal ergeben habe, verdanke ich der Unordnung viel. Das Chaos zuzulassen spart unglaublich viel Zeit. Wenn das Durcheinander unerträglich wird, weil ich die Leute vor meinem Schreibtisch nicht mehr sehe, investiere ich ein paar Stunden ins Großreinemachen: Ich blättere alles durch und schmeiße das meiste erbarmungslos weg. Letztendlich bleibt nämlich alles wirklich Wichtige immer griffbereit liegen. Alles andere ist überflüssiger Kram, von dem man sich beruhigt trennen kann. Und darüber entscheidet allein, wie lange ein Dokument auf dem Stapel liegt. Wenn ich etwas zwischen zwei Großreinemachen nicht brauche und es mittlerweile in der Papiermasse untergegangen ist, hat sich seine Bedeutungslosigkeit von selbst offenbart. Und was ich zwischendurch gebraucht habe, liegt umso weiter oben, je kürzer das her ist. Die wichtigsten Unterlagen, die ich öfter anschauen muss, befinden sich folglich zuoberst auf dem Papiermonster. Alles andere versinkt unweigerlich in den Abgründen der Sinnlosigkeit und kann weg. Seitdem ich mich für dieses Nicht-System entschieden habe, ist nie mehr etwas verloren gegangen. Aber vor allem sehe ich jetzt immer, ohne auch nur einen Moment darüber nachzudenken, was ich wirklich brauche.

Vor Kurzem habe ich entdeckt, dass der kleine, schnelle Cache-Speicher, der in unseren Computern die Programmausführung beschleunigt, auf ähnliche Weise verwaltet wird: Die Algorithmen gehen vergleichbar vor wie ich beim Großreinemachen auf meinem Schreibtisch. Wenn der Cache voll ist, muss der Algorithmus entscheiden, welche Elemente herausfliegen und Neulingen Platz machen sollen. Der Heilige Gral der Cache-Algorithmen ist der sogenannte optimale, aber unerreichbare Belady-Algorithmus, der die Daten zuerst aussortieren würde, die künftig am längsten nicht gebraucht werden. Weil aber niemand vorhersagen kann, wann wir eine bestimmte Information brauchen werden, muss man zu anderen Strategien greifen. Darum löscht etwa die

LRU-Strategie (Last recently used) zuerst die Daten im Cache, die in letzter Zeit am wenigsten gebraucht wurden. Und genau das tue auch ich beim Großreinemachen.

Wir halten Ordnung normalerweise für positiv, und selbst der größte Messie denkt im Grunde wie Franklin: Wer ordentlich ist, ist produktiver und leistungsfähiger. Doch um Ordnung zu halten, müssen wir aufwendige Strukturen und Käfige für Dinge erfinden, die eigentlich kaum zusammenpassen. Wir schaffen physische oder mentale Hierarchien, Gruppen und Untergruppen und ahmen einmal mehr die hierarchisch organisierte Struktur unseres tierischen Körpers nach.

Kooperativ wie Pflanzen

Ob Staaten, Archive, politische Systeme, Unternehmensstrukturen, Maschinen oder Denkmodelle: Der Mensch organisiert die Dinge gern nach seinem Ebenbild. Oder besser gesagt, nach dem beschränkten Bild, das er von sich hat, denn genauer betrachtet, arbeitet unser Gehirn ebenfalls dezentral und nicht hierarchisch. Doch damit berauben wir uns des enormen schöpferischen Potenzials, das dezentrale Strukturen und Organisationsformen, wie sie die Pflanzenwelt kennt, ermöglichen. Heute nimmt die Bürokratie, eine enge Verwandte der Hierarchie, in allen Gesellschaften exponentiell zu. Und glauben Sie mir, das ist ein schlechtes Zeichen. Ich musste erleben, wie mein Land, einst Inbegriff von Inspiration und Schöpfergeist, im Morast der Hierarchie und ihrem bewaffneten Arm, der Bürokratie, versunken ist und Wandel und Innovation immer wieder im Keim erstickt werden. Die Gesellschaften drohen unter der Last ihrer starren Organisationsformen zusammenzubrechen, weil sie nicht mehr flexibel auf ein sich wandelndes Umfeld reagieren können.

Die tierische Organisationsform garantiert also nur scheinbar Stabilität und Leistungsfähigkeit, weil sie im Grunde erstarrt ist. Wenn in hierarchischen Strukturen nur einige wenige für die Mehrheit entscheiden, ist die Gemeinschaft unweigerlich zum Untergang verdammt, erst recht in unserer modernen Welt, die beständig nach neuen, innovativen Lösungen verlangt. Es wird uns in Zukunft nichts anders übrig bleiben, als uns die Methode der Pflanzen zu eigen zu machen. Während Gesellschaften sich früher durch strenge Arbeitsteilung und starre Hierarchien weiterentwickeln konnten, werden sie sich künftig sowohl regional wie dezentral verankern, Entscheidungsbefugnisse und Leitungsaufgaben auf mehrere Zellen des Organisationskörpers verteilen und sich von einer Pyramide zu einem horizontalen Netzwerk wandeln müssen.

Doch im Grunde ist die Revolution, auch wenn wir es noch nicht bemerkt haben, schon in vollem Gange. Das Internet lässt heute immer mehr Organisationen mit nicht hierarchischer, dezentraler, also pflanzenähnlicher Struktur entstehen. Die neuen Organisationsformen stoßen zunehmend auf Interesse und sind vor allem höchst erfolgreich. Wikipedia ist ein erstklassiges Beispiel dafür, dass wir uns ohne Weiteres wie Pflanzen verhalten können: Weil Millionen von Menschen völlig ohne hierarchische Strukturen und finanzielle Anreize einen Beitrag geleistet haben, ist auf scheinbar wundersame Weise eine riesige, breit gefächerte und verlässliche Enzyklopädie entstanden. Allein für

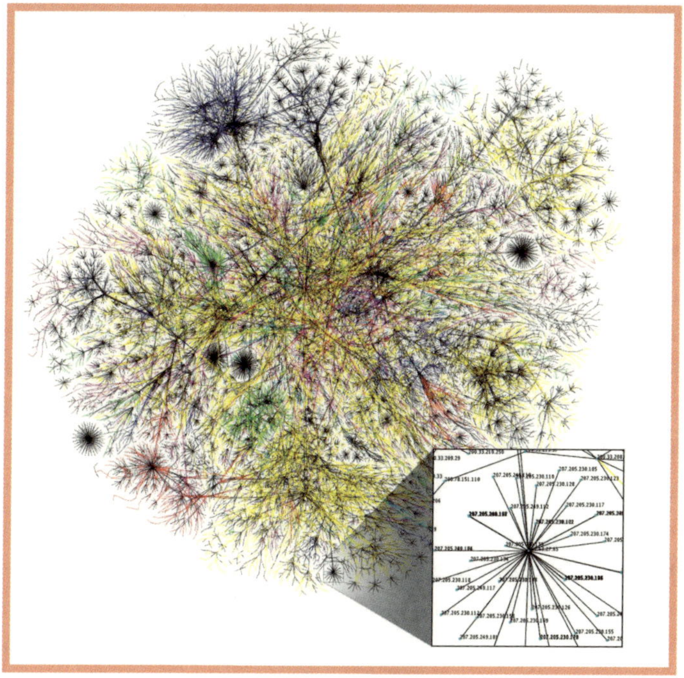

Die Topografien von Internet und Wurzelapparat ähneln sich.
Beide sind dezentral organisiert und kommen ohne Kommandozentrale aus.

die englische Version wurden Ende 2016 5 315 802 Artikel gezählt, was über zweitausend Bänden der gedruckten *Encyclopaedia britannica* entspricht. Nimmt man noch die anderssprachigen Versionen hinzu, käme man sogar auf 38 Millionen Artikel und fünfzehntausend Bände. Das konnte nur gelingen, weil man die ausgetretenen Pfade verlassen hat.

Und wieso konnte Wikipedia ohne jede hierarchische Befehlskette oder Verwaltung so erfolgreich sein? Wieso sind Menschen bereit, ohne Arbeitsvertrag oder Entlohnung andere von ihrer Arbeit profitieren zu lassen? Wieso können ehrenamtliche Mitarbeiter überhaupt so herausragende Ergebnisse erzielen und sogar die professionelle Konkurrenz abhängen? Wikipedia gibt uns schon heute eine erste Ahnung davon, was pflanzenähnliche Organisationsformen leisten. Und das ist erst der Anfang. Vor uns liegt eine Zukunft, in der immer mehr Gebilde wuchern werden, die ohne hierarchische Kontrolle von Entscheidungsprozessen und anderem auskommen und selbst unternehmerische Aufgaben und Eigentumsrechte auf viele Schultern verteilen.

Doch zumindest in Europa gibt es eigentlich schon lange Organisationsformen, die nach pflanzlichem Vorbild dezentral strukturiert und regional verwurzelt sind. Sie nennen sich Genossenschaften. Als Organisationen ohne Hierarchie vertrauen sie auf den Zusammenhalt ihrer Mitglieder. Das Eigentum gehört den Genossen, jeder besitzt ein bedingungsloses Stimmrecht, kann Genosse werden usw. Genossenschaften sind durch ihre Struktur wesentlich weniger anfällig für innere und äußere Krisen, und wenn sie Insolvenz anmelden müssen, liegt das häufig daran, dass aus der pflanzenähnlichen mit der Zeit eine tierähnliche, hierarchische Organisation geworden ist, die ihre Flexibilität und regionale Bindung preisgegeben hat.

Wenn der Übergang in die sogenannte New Economy tatsächlich gelingen soll, sind Vorbilder wie die Genossenschaften unverzichtbar. Denn es wäre eine Katastrophe, wenn nur Internet-Giganten entstehen würden, bei denen immer höhere Gewinne in immer weniger Händen landen. Es reicht folglich nicht, den dezentralen Aufbau von Pflanzen nachzubilden und so die Kreativität und Resilienz von Organisationen zu erhöhen. Wir müssen auch neue dezentrale Eigentumsformen entwickeln. Und die traditionsreichen Genossenschaften können uns dabei, in Verbindung mit den heutigen starken Internet-Netzwerken, als wichtiges Alternativmodell dienen. Momentan können wir uns, wie anfangs bei Wikipedia, noch gar nicht vorstellen, wie erfolgreich die künftigen genossenschaftlichen Systeme sein werden, wenn sie sich die Möglichkeiten der Vernetzung und kollektiven Intelligenz zunutze machen.

Das antike Griechenland und das Italien der Renaissance zählen zu den besonders schöpferischen Epochen der abendländischen Kultur. Aus den antiken Stadtstaaten, die weit voneinander entfernt lagen und häufig allen Bürgern Einfluss auf Entscheidungen des öffentlichen Lebens gewährten, erwuchs ein Zeitalter, das auf allen Wissensgebieten Unvergleichliches geleistet hat. Und Letzteres trifft ebenso auf die Stadtstaaten und Herzogtümer der italienischen Renaissance zu. Anfang des 16. Jahrhunderts konnte man auf den Straßen von Florenz einem Leonardo, Michelangelo oder Raffael begegnen …

Im Jahr 2050 werden 10 Milliarden Menschen auf der Erde leben, zweieinhalb Milliarden mehr als heute. Das gewaltige Bevölkerungswachstum wird heute von vielen mit Sorge betrachtet, weil unsere Ressourcen dafür angeblich nicht reichen. Ich sehe das allerdings anders. Dreieinhalb Milliarden mehr denkende und kreative Köpfe sind meiner Meinung nach kein Problem, sondern eine Riesenchance. Wenn dreieinhalb Milliarden Menschen ihr Denken und ihre Kreativität frei entwickeln können, werden sie jedes Problem in den Griff bekommen. So paradox es klingt, in Zukunft werden wir uns an den Pflanzen orientieren müssen, um uns endlich wieder zu bewegen.

///

7 URPFLANZEN

Dank der Blattadern auf der Blattunterseite können die Blätter der Amazonas-Riesenseerose (*Victoria amazonica*) auch größere Lasten tragen.

Architektur ist nichts als Ordnung, Anordnung, Schönheit, die Proportion der Teile untereinander, Angemessenheit und Ausgewogenheit.

Michelangelo

Ein Wohn-Tower wie ein Zweig

Leonardo da Vinci hatte viele Talente. Unter anderem besaß er, was weniger bekannt sein dürfte, eine große botanische Beobachtungsgabe. Wir verdanken ihm einige grundlegende botanische Erkenntnisse. So erkannte er nicht nur, wie Jahresringe entstehen und dass man an ihrer Anzahl, Breite und Verteilung das Baumalter und die klimatischen Umweltbedingungen ablesen kann, sondern auch, dass das sekundäre Dickenwachstum des Stamms auf einem speziellen Gewebe beruht, dem Kambium, wie man es sehr viel später nennen sollte: «Die Zunahme der Dicke der Baumstämme wird durch den Saft bewirkt, der sich im Monat April zwischen Bast und Holz des Stammes bildet. In dieser Zeit verwandelt sich der Bast in Rinde.»

Aber uns interessiert hier etwas anderes, nämlich die Phyllotaxis (von griechisch *phýllon*, Blatt, und *tàxis*, Anordnung), das Prinzip, nach dem die Blätter am Zweig angeordnet sind. Gemeinhin gilt Charles Bonnet (1720–1793) als Begründer der Lehre von der Phyllotaxis, doch Leonardo hat die Grundprinzipien der Blattstellung schon Jahrhunderte vor ihm präzise beschrieben. Was ist die Phyllotaxis genau? Schaut man sich die Blätter näher an, fällt auf, dass

Die Grundmaterialien der Stadtplanung sind: Sonne, Bäume, Himmel, Stahl, Zement, in dieser Reihenfolge und in dieser Hierarchie.

Le Corbusier

Ein Arzt kann seine Kunstfehler beerdigen, aber ein Architekt kann Kunden nur raten, wilden Wein zu pflanzen.

Frank Lloyd Wright

sie bei jeder Pflanze nach bestimmten Regeln am Zweig sitzen: manche in einer mehr oder minder engen Spirale, andere senkrecht und mehrstöckig übereinander. Jede Art besitzt ihre eigene Blattstellungsregel. Wenn man nicht gerade Pflanzen bestimmen will, scheint das zunächst nicht besonders interessant oder erhellend. Und niemand käme wohl so schnell auf die Idee, dass die Blattstellung sogar die Bauweise unserer Häuser beeinflussen könnte. Aber genauso ist es.

Leonardo da Vinci will Naturphänomene nicht nur beschreiben, sondern ebenso ihre Gründe erforschen oder wissen, was wir daraus lernen können. Und so liefert er die Erklärung für die Funktion der Phyllotaxis mit: Sie verhindere, dass sich die Blätter gegenseitig beschatten, und gewährleiste einen optimalen Lichteinfall. Von den Blattstellungen, die über Jahrmillionen evolutionär optimiert wurden, könnten wir durch Nachahmung sogar profitieren. So wie der iranische Architekt Saleh Masoumi, der sich bei seinem verblüffenden «Phyllotactic Tower» von der Blattstellung der Pflanzen inspirieren ließ.

Beim Bau von Wohnungen steht man sowohl bei flachen als auch bei hohen Gebäuden zumeist vor dem Problem, dass die umliegenden Wohnungen den direkten Zugang zur

Die Phyllotaxis beschreibt, wie die Blätter am Zweig angeordnet sind.
Jede Pflanze hat eine charakteristische Blattstellung.

natürlichen Umgebung versperren. Die Zimmerdecke der einen Wohnung ist in der Regel der Fußboden der Wohnung darüber. Jede Wohnung erhält so nur einen Bruchteil des möglichen Tageslichts. Doch Masoumi fand eine geniale Lösung für das Problem: Er hat die Wohnungen seines Towers wie Blätter um eine zentrale Achse angeordnet. Das Licht fällt so von allen Seiten in die Wohnungen, und man kann sogar den Himmel sehen. Zudem kann das Sonnenlicht von Solarzellen aufgefangen und als Energie genutzt werden.

Es gibt kein besseres Vorbild als die Phyllotaxis, wenn wir einen optimalen Lichteinfall für übereinander angeordnete Flächen gewährleisten wollen. Denn die Evolution hat in einem langen Verfahren aus Versuch und Irrtum ausschließlich Modelle ausgewählt, die die einzelnen Blätter optimal mit Licht versorgen. Würden wir ihre Lösungen auf unsere Gebäude anwenden, könnten wir die Struktur unserer Gebäude revolutionieren und bislang kaum vorstellbare energetische Werte erreichen. Vielleicht hat Leonardo ja sogar schon geahnt, dass man einmal neuartige Gebäude nach dem Vorbild der Blattstellung planen würde. Jedenfalls können wir hier wieder einmal sehen, wie sich aus den Erkenntnissen aller wissenschaftlicher Gebiete, auch der Botanik, die erstaunlichsten Anwendungsmöglichkeiten ergeben.

Victoria Amazonica: Wie ein Blatt die Londoner Weltausstellung rettete

Die Heldengeschichte der Amazonas-Riesenseerose (*Victoria amazonica*) begann Mitte des 19. Jahrhunderts: eine angefangen beim Namen wirklich außergewöhnliche Geschichte, weil die Pflanze nicht nur bei Botanikern, sondern auch bei Architekten auf Interesse stieß. Alles fing damit an, dass der Naturforscher, Botaniker und Entdecker Aimé Bonpland (1773–1858) die Samen der Pflanze samt Beschreibung 1825 nach Frankreich schickte, allerdings ohne seinen Fund zu publizieren oder zu benennen. Erst der deutsche Forscher Eduard Friedrich Poeppig (1798–1868) sollte die Pflanze 1832 im Amazonasgebiet verzeichnen, ihr den Namen *Euryale amazonica* geben und ihre Erstbeschreibung veröffentlichen. John Lindley (1799–1865) taufte die Pflanze schließlich 1837 zu Ehren von Königin Victoria in *Victoria amazonica* um und läutete damit ihren botanischen Siegeszug ein.

Uns interessiert an der Amazonas-Riesenseerose allerdings weniger, dass sie mit ihrer Größe und Eleganz die breite Öffentlichkeit begeisterte, sondern vor allem, dass ihre ungewöhnlich robusten, riesigen Blätter die Fantasie von Ingenieuren und Architekten beflügelten. Der Ruhm der Pflanze, noch heute der Star aller botanischen Gärten, sollte sich in Windeseile über Gelehrten- und Liebhaberkreise hinaus verbreiten, und am Ende des 19. Jahrhunderts stieg sie zur wahren Popikone auf. Ihr Bild fand sich auf Stoffen, Buchdeckeln und Tapeten, die Wachsnachbildungen ihrer Blüten waren hochbeliebt, und Darstellungen von Kindern, die auf den riesigen Blättern problemlos auf dem

Wasser schwammen, hielten das Interesse an ihr wach. Die offensichtlich außergewöhnliche Struktur der Pflanze gab den Fachleuten zu denken: Wieso rissen oder verformten sich die Blätter nicht, wenn auf ihnen, wenn auch gut verteilt, bis zu 45 Kilogramm lagen? Und vor allem: Ließ sich das vielleicht nachbauen?

Die Blätter der Riesenseerose, die einen Durchmesser von über 3 Metern haben können, ähneln einem gigantischen, kreisrunden Tablett mit hochgestelltem Rand. Ihre

Die Blätter der Amazonas-Riesenseerose aus der Familie der Seerosengewächse (*Nymphaeaceae*) können einen Durchmesser von über 3 Metern haben.

Links: Joseph Paxton im Gewächshaus von Chatsworth House mit dem schönen Blatt einer Amazonas-Riesenseerose.

Rechts: Die Blätter von *Victoria amazonica* sind dank ihrer Struktur so robust, dass sie zig Kilo tragen können.

langen Stiele sitzen an einem im Morast ruhiger Gewässer vergrabenen Stamm und verankern sie sicher am Grund. Von der wächsernen Blattoberseite perlt das Wasser einfach ab. Die purpurrote Blattunterseite dagegen ist mit Stacheln gespickt, die hungrige Fische und Rundschwanzseekühe vertreiben, die sich sonst von Wasserpflanzen ernähren. Die Blätter treiben auf dem Wasser, weil sich in den Blattrippen Luft verfängt. Da eine Amazonas-Riesenseerose vierzig bis fünfzig Blätter hervorbringt und das Gewässer so vollständig bedeckt, können keine Sonnenstrahlen mehr nach unten dringen und kaum noch andere Pflanzen wachsen.

Im Jahr 1848 sollten sich schließlich die Wege von *Victoria amazonica* und Joseph Paxton (1803–1865) kreuzen, dem Chefgärtner am Familiensitz Chatsworth House von William Cavendish, 6. Duke of Devonshire. Weil Paxton einen «grünen Daumen» besaß, hatte man ihm die Verantwor-

tung für die Gärten schon im Alter von dreiundzwanzig Jahren übertragen. Cavendish war, wie andere englische Adlige auch, ein leidenschaftlicher Pflanzenliebhaber. Sein botanischer Garten mit großen Gewächshäusern und Baumschulen gehörte weltweit zu den bedeutendsten Privatgärten. So kommt sogar die Mutterpflanze von 40 Prozent aller Bananen, die wir heute verzehren, aus Chatsworth House. Der talentierte Joseph Paxton hatte die ursprünglich aus Mauritius stammende Banane erstmals vermehrt, beschrieben und sie zu Ehren seines Gönners *Musa cavendishii* genannt.

Aber die Briten lieben auch noch etwas anderes: den Wettkampf. In einem Kopf-an-Kopf-Rennen kämpfte William Cavendish mit dem Duke von Northumberland darum, wer die Amazonas-Riesenseerose als Erster kultivieren und zum Blühen bringen konnte. Der Duke von Devonshire setzte auf Paxton, und der enttäuschte ihn nicht. Im Jahr

1848 erhielt der Chefgärtner Samen aus den Königlichen Botanischen Gärten in Kew, hegte und pflegte ihn sorgfältig, und weil er im geheizten Gewächshaus auch den ursprünglichen Lebensraum der Pflanze akribisch nachahmte, stand sie schon wenige Monate später in Blüte. Die blühende Seerose mit den riesigen Blättern wurde zu einer der Hauptattraktionen von Chatsworth House. Königin Victoria, der der kluge Paxton ein besonders schönes Exemplar hatte überbringen lassen, beehrte sie höchstpersönlich, in Begleitung des damaligen französischen Staatspräsidenten und späteren Kaisers Napoleon III.

Dass es mit der Blüte der Amazonas-Riesenseerose etwas Besonderes auf sich hat, erkennt man schon an ihrer Bestäubung. Die Blüte lebt nur ein oder zwei Tage – und jede Pflanze hat jeweils nur eine Blüte zur selben Zeit. Wenn sich die weiße Blüte am ersten Abend öffnet, entströmt ihr ein Ananas-ähnlicher Duft, mit dem Käfer als Pollenkuriere angelockt werden. Die Blüte erwärmt sich zudem. Nur elf von vierhundertfünfzig bekannten Pflanzenfamilien sind zu dieser sogenannten Thermogenese oder endothermen Reaktion in der Lage. Mit der Wärme kann unmittelbar der Bestäuber belohnt, die Flüchtigkeit der Lockstoffe in der Luft erhöht, die Körpertemperatur von Säugetieren nachgeahmt oder die Mücke zur Eiablage angeregt werden. Doch in allen Fällen sollen damit Bestäuber angelockt werden, und die Amazonas-Riesenseerose macht da keine Ausnahme.

In der ersten Phase ist die Blüte ausschließlich weiblich und wartet auf den Pollen, den die Käfer von anderen Pflanzen hereintragen. Wenn die Käfer ins Blüteninnere vordringen, übertragen sie den Pollen auf den Stempel und

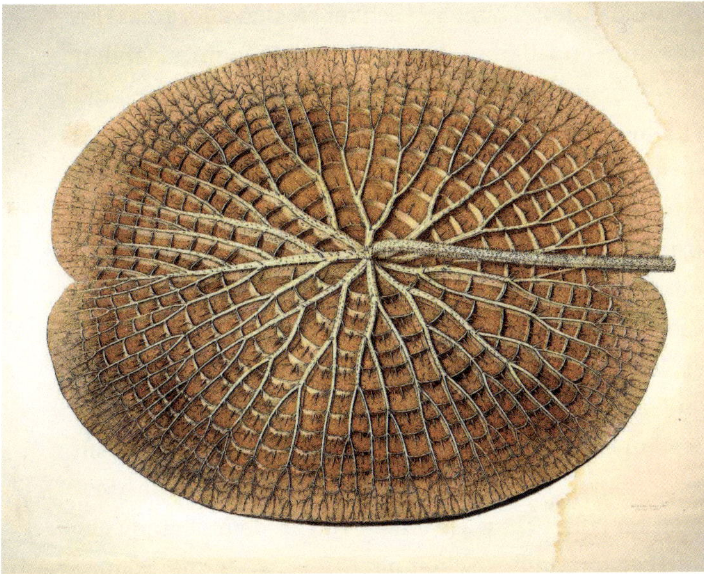

Joseph Paxton nahm sich bei der Planung des Kristallpalasts die Blattunterseite der Amazonas-Riesenseerose zum Vorbild.

Die Blüten von *Victoria amazonica* sind in der ersten Nacht der Blüte weiß und färben sich in der darauffolgenden Nacht rosa. Sie werden durch Käfer bestäubt.

befruchten die Blüte. Zugleich schließen sich allerdings die Blütenblätter und halten die Insekten bis zum folgenden Abend gefangen. Am nächsten Morgen verwandelt sich die Blüte dann und nimmt männliche Eigenschaften an: Staubbeutel reifen heran, die Pollen produzieren. Wenn sich die Blüte am Abend nun zum zweiten Mal öffnet, hat sie eine purpurrote Färbung und signalisiert damit, dass sie befruchtet wurde. Duft und Wärme sind nun verschwunden. Die über und über mit Pollen bedeckten Insekten können fliehen, auf die nächste Blüte fliegen und den Prozess erneut in Gang setzen. Wenn die Blüte einmal befruchtet und der Bestäuber befreit ist, schließt sie sich und versinkt im Wasser.

Doch im Jahr 1848 wusste man von all dem noch nichts. Die Gärtner feierten es schon als Erfolg, wenn die Pflanze überhaupt blühte. Und darum konnte Paxtons Ruhm weit über die zahlreichen Zirkel der Pflanzenliebhaber hinaus erstrahlen. Und das war erst der Anfang: Joseph Paxton sollte mit der Amazonas-Riesenseerose noch viele Erfolge feiern.

Im Jahr 1851 bereitete man sich in London auf die Weltausstellung vor. Das unwiederbringliche Ereignis erforderte einen würdigen Rahmen, und darum plante man im Hyde Park ein riesiges Bauwerk, um die Delegationen aus aller Welt und die Millionen erwarteten Besucher zu empfangen. Das britische Weltreich sollte gebührend gefeiert werden, und eine Weltausstellung, die Geschichte schreiben sollte, verlangte neben vielem anderen auch einen gewissen Pomp. Die Zeit drängte. Das Bauwerk, das nicht für die Dauer gedacht war, musste bald fertig sein. Und auch die Kosten waren zu berücksichtigen. Das Bauwerk sollte den Prinzipien entsprechen, die England groß gemacht hatten, also funktional sein und möglichst wenig kosten. Bei dem Wettbewerb, den man schließlich ausschrieb, reichten Architekten aus ganz Europa ihre Projekte ein. Der Ausschuss zählte zweihundertfünfundvierzig Vorschläge, prüfte jeden einzelnen gründlich – und verwarf am Ende alle.

Die Bewertung hatte viel Zeit in Anspruch genommen, und niemand hätte gedacht, dass bei so vielen Plänen kein geeigneter dabei sein würde. Bis zur Ausstellung blieben nur noch wenige Monate, aber das passende Gebäude fehlte noch immer. Im Parlament, in den Zeitungen und Kneipen gab es nur noch ein Thema: Wie sollte man das bloß in so kurzer Zeit schaffen? Schließlich wurden vier Experten ernannt, um das Projekt zügig zu planen und zu realisieren. Doch auch der neue Anlauf schlug fehl. Das britische Weltreich lief Gefahr, sich vor den Augen der Weltöffentlichkeit zu blamieren. Die Weltausstellung, die die technischen Neuheiten und den britischen Erfindergeist feiern sollte, steuerte auf eine Katastrophe zu. In dieser scheinbar ausweglosen Situation legte Joseph Paxton eine revolutionäre Idee vor, die Geschichte schreiben sollte: eine riesige Glas- und Gusseisenkonstruktion aus vorgefertigten Modulen.

Paxton schlug ein gigantisches Bauwerk vor: 90 000 Quadratmeter groß, 564 Meter lang, 124 Meter breit und 39 Meter hoch. Der Petersdom hätte vier Mal darin Platz gehabt. In dem vorgegebenen Zeit- und Kostenrahmen würde man das Gebäude nur bauen können, wenn man vorgefertigte, identische Module verwendete. Erst seit Kurzem konnte die britische Technologie die benötigten Zigtausende Module

Der Kristallpalast im Londoner Hyde Park wurde 1851 für die Besucher der ersten Weltausstellung errichtet.

Rechte Seite links: Der modulare Aufbau des Kristallpalastes war von dem der Pflanzen inspiriert. Er machte Pfeiler und tragende Wände überflüssig und ermöglichte, den gesamten Innenraum für die Ausstellung zu nutzen.

Rechte Seite rechts: Die Fassade des Crystal Palace. Paxton orientierte sich bei den strahlenförmigen Rippen des Tonnengewölbes an der Blattstruktur von *Victoria amazonica*.

so schnell produzieren. Das Grundmodul war quadratisch und hatte eine Seitenlänge von siebeneinhalb Meter. Durch Zusammenfügen der Module war das Gebäude theoretisch beliebig erweiterbar. Auch die Aufteilung der Ausstellungsflächen richtete sich nach dem Format der Module.

Die in Serie gefertigten Module konnte man wesentlich schneller und kostengünstiger herstellen als jedes gemauerte Bauwerk und nach Ende der Weltausstellung einfach abbauen und wiederverwenden. Paxtons Vorschlag war im Grunde ein gigantisches Gewächshaus, in das man sogar die Bäume des Hyde Parks integrieren konnte. Mit Ähnlichem hatte er schon die exotischen Pflanzen im Cavendish-Garten vor dem kühlen englischen Klima geschützt. Sein größtes beheiztes Gewächshaus dort beherbergte

eine ausgedehnte tropische Gärtnerei und konnte mit der Kutsche befahren werden. Aber Great Stove, Großer Ofen, wie das Gewächshaus hieß, war rein gar nichts gegenüber Paxtons Weltausstellungsplänen.

Das Gebäude der Weltausstellung musste allerdings nicht nur im vorgegebenen Zeit- und Kostenrahmen fertiggestellt werden, sondern auch höchsten statischen Anforderungen genügen. Doch auch in dieser Hinsicht hatte Paxton einen genialen Einfall: Er ließ sich bei dem Dachgewölbe von den Blattadern der Amazonas-Riesenseerose inspirieren. Zum Bau des riesigen Gebäudes vertraute der begeisterte Botaniker Paxton auf Module und die Nachbildung strahlenförmig angeordneter Blattrippen und damit auf die Biologie.

Beim römischen Palazzetto dello Sport von 1956 ahmten Nervi und Vitellozzi die Blattstruktur der Amazonas-Riesenseerose nach.

Über zweihundert Arbeiter bauten emsig an dem Jahrhundertbauwerk, das von der Satirezeitschrift «Punch» «Crystal Palace» getauft wurde. Ein Name, der hängen bleiben sollte. Schon vier Monate später war das Gebäude fertig. Dank Paxton und der Amazonas-Riesenseerose konnte London die erste Weltausstellung doch noch mit dem einer Großmacht würdigen Pomp ausrichten. Staunend standen die über vierzehntausend Aussteller aus aller Welt vor dem Kristallpalast, der zum Sinnbild britischer

Innovationskraft werden sollte. Die Weltausstellung war ein denkwürdiger Erfolg. Über 5 Millionen Menschen – ein Viertel der damaligen englischen Bevölkerung – besuchten die Ausstellung, darunter Charles Darwin, Charles Dickens, Charlotte Brontë, Lewis Carroll, George Eliot und Alfred Tennyson. Die Einnahmen aus dem Kartenverkauf wurden, abzüglich der Kosten, für den Bau mehrerer Museen wie dem Victoria and Albert Museum und dem Wissenschafts- und Naturhistorischen Museum verwendet sowie für eine Stiftung zur Förderung der Industrieforschung, die es noch heute gibt. Paxton, dem London all das verdankte, wurde zum Sir ernannt. Zudem wurde er Unternehmer, was ihn, vorsichtig ausgedrückt, zum vermögenden Mann machte, doch die Amazonas-Riesenseerose und die Botanik sollten seine große Leidenschaft bleiben.

Nach dem großen Erfolg des Crystal Palace war die Architektenwelt von der Amazonas-Riesenseerose fasziniert und sollte ihre Blattrippen noch in zahlreichen Bauwerken mehr oder weniger naturgetreu verewigen. Nach ihrem Vorbild hat Eero Saarinen, US-Amerikaner mit finnischen Wurzeln, das TWA-Terminal am John F. Kennedy Airport in New York erbaut oder Annibale Vitellozzi, gemeinsam mit dem Bauingenieur Pier Luigi Nervi, 1956 den Palazzetto dello Sport in Rom. Und anscheinend fasziniert die Pflanze noch immer: Erst vor wenigen Jahren hat der Architekt Vincent Callebaut den Bau schwimmender Städte angeregt. Seine komplett autonomen «Lilypads», in denen bis zu fünfzigtausend Menschen wohnen können, sind wie die Blätter einer Amazonas-Riesenseerose geformt. Die Liebesgeschichte zwischen Architektur und Seerosen ist offenbar noch nicht zu Ende.

Kaktus, Wasser und Hochhäuser

Die Kaktusfeige (*Opuntia ficus-indica*) ist in vielen ariden und semiariden Klimazonen der Welt weit verbreitet, da sie besonders gut an trockene Lebensräume angepasst ist. Von ihren Lösungen für die Wüste hat sich sogar die Architektur inspirieren lassen. Wer in Dürrezonen überleben will, braucht besondere Fähigkeiten: Er muss extreme Temperaturen aushalten, die im Pflanzeninneren bis zu 70°C betragen können, muss über ausreichend Wasser verfügen, auch wenn in der Umgebung jährlich nur so viel Regen fällt wie in London an einem Apriltag, und last not least sich gegen Fressfeinde zur Wehr setzen können.

Die Kaktusfeige und viele andere Kakteen meistern diese schwierigen Aufgaben mit Bravour. Ihnen kann selbst der trockenste Wüstenwinkel nichts anhaben, weil sie die feindlichen Umweltbedingungen dank eines tief greifenden strukturellen Wandels zu ihrem Vorteil nutzen. Der Wandel berührt das Wesen der Pflanze selbst: Kakteen besitzen keine Blätter. Normalerweise findet in den Blättern, sozusagen dem Inbegriff der Pflanze, die Fotosynthese statt. Doch über die Blätter verliert die Pflanze auch das meiste Wasser. Die Kaktusfeige hat die Fotosynthese einfach ins Stielinnere verlegt und die Hauptquelle der Wasservergeudung damit ausgeschaltet.

Doch auch die Fotosynthese selbst hat sich bei den Kakteen an die extreme Wasserknappheit angepasst. Ihre Stomata nehmen das Kohlendioxid nämlich nachts auf, wenn dank der günstigeren Umweltbedingungen am wenigsten Wasser verdunstet. Es ist allerdings für keine Pflanze eine leichte Aufgabe, die Stomata zum optimalen

Zeitpunkt zu öffnen und zu schließen. Wenn die Stomata geöffnet sind, strömt zwar mehr CO_2 in die Blätter und ermöglicht so eine optimale Fotosynthese, doch über die unzähligen winzigen Öffnungen – ein Tabakblatt hat etwa zwölftausend Stomata pro Quadratzentimeter – kann auch leichter Wasser verdunsten. Jede Pflanze muss daher Vor- und Nachteile gegeneinander abwägen und die für ihren Standort optimale Strategie finden.

Wenn eine Pflanze die Umweltbedingungen für sich nutzen will, muss sie die Stomata also genau zum richtigen Zeitpunkt öffnen. Denn selbst die widerstandsfähigste Pflanze

Die Kaktusfeige (*Opuntia ficus-indica*), die ursprünglich aus Mexiko stammt, ist heute im ganzen Mittelmeerraum beheimatet.
Dank ihres Aufbaus kommt sie mit minimalen Süßwassermengen aus.

kollabiert, wenn sie ihre Stomata an einem sonnigen Tag nur etwas zu lange offen hält. Normalerweise erfolgen die CO_2-Aufnahme und CO_2-Fixierung der Fotosynthese gleichzeitig und tagsüber, also bei Sonnenlicht, doch bei der sogenannten CAM-Fotosynthese (Crassulacean Acid Metabolism – Crassulacean-Säurestoffwechsel) der Kakteen werden die CO_2-Aufnahme und CO_2-Umwandlung in Zucker zu unterschiedlichen Tageszeiten durchgeführt. Nachts absorbiert die Pflanze das CO_2, das dann tagsüber fixiert wird.

Doch mit dem möglichst geringen Feuchtigkeitsverlust sind noch nicht alle Probleme gelöst. Denn eine gewisse Wasseraufnahme ist für einen funktionierenden Stoffwechsel der Pflanze unerlässlich. Um den Feuchtigkeitsverlust auszugleichen, muss die Pflanze also noch andere Quellen anzapfen. Aber woher nehmen, wenn es an ihrem Standort kaum regnet? Und wenn es auch im Boden so gut wie kein Wasser gibt? Die scheinbare Quadratur des Kreises wird von vielen *Opuntia*-Arten – zu denen auch die Kaktusfeige gehört – hervorragend gelöst. Die Pflanzen haben sich an die Dürre angepasst und holen sich das Wasser dort, wo sie es kriegen können: aus der Luft. Eine andere Wasserquelle gibt es in der Wüste nicht. Die feinen, haarähnlichen Dornen, mit denen die Kladodien, wie die Ohren der Kaktusfeige in der Fachsprache heißen, bedeckt sind, bilden nicht nur eine wirkungsvolle Abwehrwaffe gegen Tiere, sondern kondensieren auch hervorragend Feuchtigkeit. Die Feuchtigkeit bleibt zwischen den Dornen hängen, formt zunehmend größere Tropfen und wird schließlich ins Innere der Kladodien, dem Hauptwasserspeicher der Pflanze, geleitet. Viele Pflanzen und Tiere sind dank ihrer Oberflächenstruktur in der Lage, der Luft Wasser zu entnehmen.

Die in der Namib-Wüste verbreitete Welwitschie (*Welwitschia mirabilis*) ist, wie Kiefer und Tanne, ein Nacktsamer. Sie kann selbst bei extremer Trockenheit überleben.

Die Pfahlwurzel der Welwitschie dringt tief in die Erde ein. Ihre beiden Laubblätter können bis zu fünf Meter lang werden.

Die Luftfeuchtigkeit kondensiert an den Samenhärchen des Löwenzahns und sammelt sich dort als Wassertröpfchen.

Um das zu erkennen, muss man sich bloß nach Namibia aufmachen. Die Namib-Wüste gehört schon seit sehr langer Zeit zu den trockensten Regionen der Welt. Während das Klima in der Sahara beispielsweise großen Schwankungen unterworfen war und in den letzten hunderttausend Jahren trockene und feuchte Perioden kannte – und laut Vorhersagen in «nur» fünfzehntausend Jahren wieder grün werden soll –, ist die Namib seit mindestens 80 Millionen Jahren staubtrocken. Daher haben sich dort zahlreiche Arten an die Trockenheit angepasst und gelernt, die neblige Luft oder das Meer, das von Zeit zu Zeit ins Hinterland schwemmt, als Wasserquelle zu nutzen. Zu den typischen Pflanzen dieser Region gehört auch *Welwitschia mirabilis*, die Charles Darwin als «Schnabeltier der Pflanzen» bezeichnet hat.

Die Welwitschie bringt nur zwei Blätter hervor, die jedoch kontinuierlich weiterwachsen und bis zu 5 Meter lang werden können. Weil sie damit hervorragend an die Trockenheit angepasst ist, kann sie sage und schreibe über tausend Jahre alt werden. Manche Exemplare sind sogar deutlich älter als zweitausend Jahre, und darum heißt die Pflanze in Afrikaans *tweeblaarkanniedood*: zwei Blätter, die nicht sterben können. Anders als man lange geglaubt hat, verdankt die Pflanze – laut dem englischen Botaniker Joseph D. Hooker (1817–1911) die einzigartigste und hässlichste Pflanze, die England je gesehen hat – es nicht ihren langen Wurzeln, dass sie in der Wüste überlebt, sondern ihren langen porösen Blättern. Sie absorbieren die winzigen Kondenswassertröpfchen des Ozeannebels, der durch der großen Temperaturschwankungen in der meeresnahen Wüste entsteht.

Auch die sogenannten Nebeltrinker-Käfer, eine in der Namib endemische Familie der Schwarzkäfer, entnehmen der Luft auf ähnliche Weise Wasser: *Stenocara gracilipes* richtet sich etwa im 45°-Winkel gegen den Meereswind aus und fängt mit seinen abwechselnd hydrophilen und hydrophoben Flügelflächen Luftfeuchtigkeit auf. Wenn sich die Feuchtigkeit in den hydrophilen Flügelbereichen verfängt, bilden sich Tropfen und laufen dem Käfer schließlich direkt in den Mund. Wir ahmen das heute bei der Produktion von Spezialtextilien nach, die der Atmosphäre Wasser entnehmen können.

Sogar die zarten Spinnennetze können Luftfeuchtigkeit auffangen, und in Regionen mit Wasserknappheit hat auch der Mensch vergleichbare Techniken entwickelt. Der Architekt Pietro Laureano erforscht solche Traditionen schon seit Langem, und darum wissen wir heute, dass sich erste Zeugnisse dafür bereits in den sogenannten Sonnengräbern finden: Die Hügelgräber aus der Bronzezeit bestehen aus einem doppelten Kreis mit einem Quergang, der zu einem zentralen tieferen Aushub, dem Nasskern, führt. Laut Laureano hatten die Gräber nicht nur kultische Bedeutung, sondern waren auch Feuchtigkeitssammelstellen. Auch vergleichbare Trockensteinhügel in den regenarmen Regionen Apuliens und Siziliens dienten demselben Zweck. Weil die Steine innen nicht von der Sonne beschienen und von der unterirdischen Grabkammer gekühlt werden, sind sie kälter als die Umgebungstemperatur. Folglich dringt Feuchtigkeit ein, kondensiert und sammelt sich am Boden der Erdhöhle. In der Nacht kehrt sich der Prozess dann um und läuft entsprechend auf der Steinaußenseite ab.

Im Mittelmeerraum haben die Menschen ihre Wasserversorgung über Jahrhunderte mit solchen heute vergessenen Techniken sichergestellt, und nur dank dieser Techniken konnte der Mensch in unwirtlichen Gegenden wie der Sahara überleben. Heute rücken Forscher wie Pietro Laureano vor allem neue Anwendungsmöglichkeiten der alten Techniken in unser Bewusstsein.

Aber auch die Erkenntnisse zur Feuchtigkeitskondensation bei Kakteen wie der Kaktusfeige haben dazu beigetragen, dass wir diese Fähigkeit heute mit zunehmend besseren und ausgefeilteren Technologien nachbilden können. Um nur ein Beispiel zu nennen: Die Architekten des künftigen Towers des Landwirtschaftsministeriums von Katar, einem Land mit einer durchschnittlichen jährlichen Regenmenge von 70 Millimeter, haben sich die anpassungsfähi-

Warka Water von Arturo Vittori. Das Gebäude nutzt die kondensierte Luftfeuchtigkeit zur Wassererzeugung.

gen Kakteen zum Vorbild genommen. Bei allen Details, ob bei der säulenartigen Form oder den sich öffnenden und schließenden Belüftungsöffnungen, haben sie sich an ihnen orientiert und von ihnen gelernt.

Der von dem Architekten Arturo Vittori entwickelte Prototyp «Warka Water» ist ein weiteres Beispiel dafür, wie der Mensch die pflanzlichen Methoden zum Auffangen und zur Kondensierung des Wassers in nachhaltige Technologien umsetzt. Schon der Name verrät die Inspirationsquelle: Warka ist der lokale Name eines riesigen Ficus (*Ficus vasta*), der endemisch in Äthiopien vorkommt. Der leider immer seltenere Baum spielt in der lokalen Wirtschaft und Kultur eine wichtige Rolle. So werden nicht nur seine Früchte gegessen, um den imposanten Baum versammelt sich auch das ganze Dorf. Der Warka Water Tower, der 2016 mit dem World Design Impact Prize ausgezeichnet wurde, ist wie ein stilisierter Baum geformt und «erntet» durch Spezialnetze Wasser aus der Luft. In ariden Klimazonen wie Äthiopien kann er so täglich 100 Liter Kondenswasser produzieren. Meiner Meinung nach ist er wegen seiner geringen Kosten, Effizienz, einfachen Bauweise und einfachen Nutzung, aber auch wegen seiner Umweltfreundlichkeit und architektonischen Schönheit ein Paradebeispiel der Bioinspiration und dafür, wie geniale Erfinder die Formen und Technologien unserer Zukunft revolutionieren können.

Die antiken Tempelsäulen, die die majestätische Macht der Bäume nachahmen, oder die anmutigen korinthischen Säulen mit ihren Akanthusblättern – die laut Vitruv der legendäre Kallimachos erfunden hat – sind nur einige der unzähligen Lösungen oder besser gesagt Erfindungen, die

die Architektur den Pflanzen verdankt. Seit die Ägypter mit dem Tempel von Luxor Papyrusrohre nachgebildet haben, sind Jahrtausende vergangen, doch die Pflanzenwelt bleibt bis heute eine wichtige Inspirationsquelle der Architektur. Und ich wünsche mir, dass das auch so bleibt. Denn wer sich von natürlichen Formen leiten lässt, kann eigentlich nichts Hässliches hervorbringen.

///

8 WELTRAUMPFLANZEN

In dem Minigewächshaus Veggie der NASA wachsen Pflanzen unter den Bedingungen der Schwerelosigkeit.

Die Dinosaurier sind ausgestorben, weil sie kein Raumfahrtprogramm hatten. Und wenn wir eines Tages aussterben werden, wird das auch am fehlenden Raumfahrtprogramm liegen.
Das sollte uns endlich eine Lehre sein!

Larry Niven

Unsere Reisegefährten im All

Der Satz «Der erste Astronaut auf dem Mars ist heute schon geboren» wird in den Raumfahrtbehörden der halben Welt wie ein Mantra wiederholt. In keiner Diskussionsrunde oder Konferenz, in keinem Interview zur Zukunft der Raumfahrtforschung darf der Satz fehlen. Als wäre es schon abgemacht, dass der erste Mensch auf dem Mars irgendwo neben uns sitzt. Ich habe keine Ahnung, ob das so ist, aber wenn man sich für Weltraumforschung interessiert, hört man ebenfalls auf Schritt und Tritt, die technischen Schwierigkeiten einer bemannten Raumfahrt zum Mars seien keineswegs unlösbar. Dabei fliegen wir seit vierzig Jahren nicht mal mehr zum Mond. Der letzte Astronaut, der seinen Fuß in Mondstaub gesetzt hat, war der kürzlich verstorbene Amerikaner Eugene Cernan. Er legte die ungefähr 380 000 Kilometer zur Erde am 14. Dezember 1972 zurück, mit der Challenger-Raumkapsel, die ihn drei Tage zuvor dorthin gebracht hatte, und ist inzwischen so berühmt wie Neil Armstrong, der den Mond am 21. Juli 1969 als Erster betrat.

Doch der Mond ist im Vergleich zum Mars geradezu lächerlich nah. Wenn sich Erde und Mars alle sechsundzwan-

Auf der Erde ist ein Grashalm ganz normal.
Auf dem Mars wäre er ein Wunder.
Unsere Nachfahren auf dem Mars werden den Wert
eines grünen Eckchens zu schätzen wissen.

Carl Sagan, *Blauer Punkt im All. Unsere Heimat Universum*

zig Monate genau gegenüberliegen und ihre Umlaufbahnen sich annähern, liegen zwischen ihnen immer noch 55 Millionen Kilometer. Es sind also wohl weniger technische Schwierigkeiten, die die bemannte Raumfahrt ausbremsen, sondern wirtschaftliche Erwägungen oder mangelnde Einigkeit über die Forschungsprioritäten. Aber wie dem auch sei, eines steht auf jeden Fall fest: Wo immer der nächste Weltraumausflug hingeht, als Begleiter brauchen wir die Pflanzen. Ohne sie wäre kein Leben auf der Erde möglich; ja, unsere Abhängigkeit von ihnen ist so umfassend, dass sie auch unsere Bewegungsfreiheit im Weltraum einschränken. Wenn wir also unsere Erde für längere Zeit verlassen und durchs All fliegen wollen, dann können wir das nur mit unseren treuen Begleitern, den Pflanzen.

Es gibt viele gute Gründe, auf eine Weltraummission Pflanzen mitzunehmen. Wer «Der Marsianer» von Ridley Scott (2015) gesehen hat, mit Matt Damon in der Rolle des Botanikers und Astronauten Mark Watney, weiß, was ich meine: Der einfallsreiche Watney, den seine Kollegen für tot halten, überlebt auf dem Mars nur durch Kartoffelanbau. Manche der Gründe liegen auf der Hand, etwa dass Pflanzen uns mit Nahrung und Sauerstoff versorgen, andere weniger, obwohl sie für den Erfolg einer längeren Weltraummission genauso wichtig sind. Dazu gehört beispielsweise, dass sich Pflanzen positiv auf unser seelisches Gleichgewicht auswirken.

Zu den Fragen, die vor einem langen bemannten Weltraumflug gelöst sein müssen, zählt unter anderem der «menschliche Faktor». Nach heutigem Stand der Technik würde ein Flug zum Mars, je nach der möglichen Treibstoffmenge an Bord, zwischen einem halben und einem Jahr dauern. Hinzu käme noch der ebenso lange Rückflug, plus bis zu zwölf Monate auf dem Mars, weil wir warten müssten, bis sich die Umlaufbahnen von Mars und Erde wieder angenähert haben. Wir wären also, wie sich leicht errechnen lässt, ungefähr zweieinhalb Jahre unterwegs. Malen Sie sich einmal aus, wie es wäre, fast drei Jahre lang in einer nur wenige Quadratmeter großen, mit Instrumenten gespickten Schuhschachtel eingesperrt zu sein, sich den beengten Raum mit drei oder vier anderen teilen zu müssen, ohne jede Privatsphäre und noch dazu unter den Bedingungen der Schwerelosigkeit. Ein Albtraum, oder?

Wenn die Bedingungen eines Marsflugs im Forschungslabor simuliert werden, zeigen sich bei den Astronauten schon nach wenigen Monaten problematische Stimmungsschwankungen, obwohl sie unter anderem wegen ihres robusten Nervenkostüms unter Tausenden ausgewählt wurden und die Simulation von den Bedingungen eines realen Weltraumflugs noch meilenweit entfernt ist. Die eigentliche Hürde für einen Weltraumflug ist also der «menschliche Faktor». Die Mannschaft muss einerseits alle fachlichen Voraussetzungen mitbringen, darf sich aber andererseits nicht schon nach wenigen Monaten zerfleischen. Die Frage, ob Astronautinnen und Astronauten eine solche Mis-

Ein Modell der NASA für den Gemüseanbau auf dem Mars.

sion überhaupt bis zum Ende durchstehen können, beschäftigt die Fachleute schon seit Jahren. Und wissen Sie, was dem Zusammenleben offenbar am förderlichsten ist? Wenn die Astronauten von Pflanzen begleitet werden. Die grünen Wesen können offenbar eine große Hilfe sein.

Dass Pflanzen einen positiven Einfluss auf das menschliche Gehirn haben, ist schon seit Jahrzehnten bekannt. So profitieren Menschen, die unter psychischen Störungen leiden, in Gartentherapien auf der ganzen Welt von der Beziehung zu Pflanzen. Ebenso zeigen Kinder mit ADS (Aufmerksamkeitsdefizitsyndrom) wesentlich bessere Leistungen, wenn im Klassenzimmer Pflanzen stehen. Vor etwa zehn Jahren hat auch das von mir geleitete LINV eine Studie zu dem Thema veröffentlicht. Wir ließen dazu zahlreiche Schüler der zweiten und vierten Grundschulklasse

(sieben und neun Jahre alt) Aufmerksamkeitstests absolvieren. Während die eine Gruppe dabei im baumbestandenen Garten der Schule saß, löste die andere ihre Aufgaben in einem Raum ohne Blick ins Grüne. Obwohl die Arbeitsbedingungen in dem ruhigen, funktionalen Klassenzimmer sicherlich besser waren, zeigten die Schüler im Garten weitaus höhere Leistungen.

Doch kehren wir zur Bedeutung der Pflanzen für das menschliche Leben im All zurück. Auf der Raumstation ISS (die International Space Station auf der Umlaufbahn der Erde) hat man 2014 erstmals Pflanzen angebaut. In einem Minigewächshaus namens Veggie sprossen Salatköpfe in der Schwerelosigkeit, und im Januar 2016 blühten sogar erste Blumen, Zinnien, genauer gesagt. Laut Raymond Wheeler, Leiter der Advanced Life Support Activities bei der NASA,

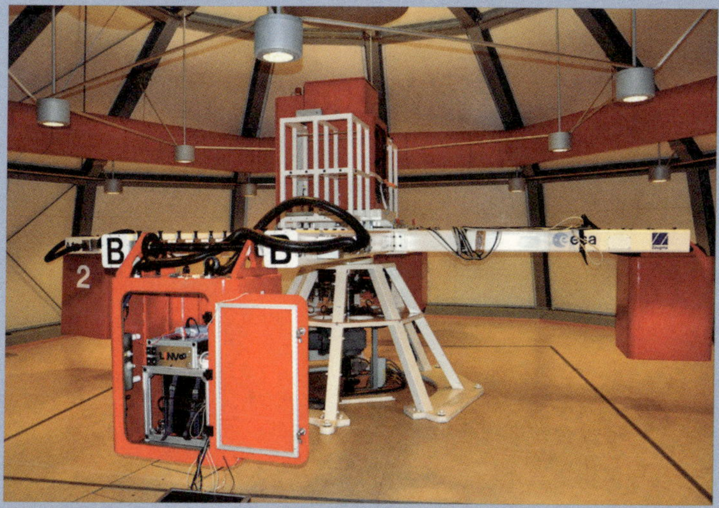

Links: Am Forschungsinstitut der Universität Florenz haben meine Mitarbeiter und ich viele der in diesem Buch beschriebenen Forschungen durchgeführt.

Rechts: Große Zentrifuge am ESA-Zentrum in Noordwijk: Experimente unter Bedingungen der Hypergravitation mit erheblichen Gewichtskräften.

hob das die Stimmung der Astronauten beträchtlich. Aus diesem Grund hat man die Forschung zur Herstellung biogenerativer Module, die das menschliche Leben im All unterstützen (Bioregenerative Life Support Systems, BLSS), nun ausgeweitet. Unter BLSS-Systemen versteht man künstliche Ökosysteme, die das Zusammenwirken zwischen Mikroorganismen, Tieren und Pflanzen auf der Erde nachahmen und die Abfälle der einen als Ressource der anderen nutzen. Pflanzen spielen für solche Systeme eine grundlegende Rolle, weil sie Sauerstoff produzieren, durch Fotosynthese CO_2 abbauen, durch Verdunstung Wasser reinigen und als frisches Lebensmittel dienen.

Wer das All erforschen will, muss dort also Pflanzen anbauen. Dass die Erforschung des Alls, das für die Zukunft der Menschheit eine möglicherweise zentrale Rolle

Der außergewöhnliche Fallturm der Universität Bremen ermöglicht, die Folgen einer kurzen Mikrogravitation zu studieren.

spielt, unlösbar mit einer uralten Kulturtechnik wie dem Ackerbau verknüpft ist, ist eine Vorstellung, die nachhaltig beeindruckt. Nun musste es wirklich bei jedem klingeln, der die Außenstellen im All bislang für bloße Nebengebäude seines Zuhauses gehalten hatte. Jahrzehntelang fand sich in den Weltraumbehörden kein einziger Botaniker – von Agronomen ganz zu schweigen. Doch vor ungefähr zwanzig Jahren änderte sich das, weil selbst der größte Technokrat einsehen musste, dass eine Erforschung und Besiedelung des Alls ohne Pflanzen unmöglich ist.

Der Weltraum zeichnet sich, verglichen mit der Erde, vor allem durch eine geringere Schwerkraft und eine stärkere kosmische Strahlung aus. Normalerweise können sich die Pflanzen, trotz gewisser Chromosomenabweichungen oder einem veränderten biologischen Zyklus, daran anpassen. Schwerelosigkeit oder das Gegenteil, Hypergravitation, bedeuten für sie allerdings Stress. Doch anders als dem Stress durch Trockenheit, Extremtemperaturen, Salz oder Sauerstoffmangel sind sie diesem während ihrer Evolutionsgeschichte noch nicht begegnet. Aus einem ganz einfachen Grund. Alles auf unserer Erde unterliegt einer Fallbeschleunigung von 9,81 m/s^2 (oder 1 g). Die Schwerkraft beeinflusst sämtliche physikalischen, chemischen und biologischen Prozesse auf der Erde. Physiologie, Stoffwechsel, Aufbau, Kommunikationsmethoden und selbst das Aussehen der Lebewesen werden durch sie geformt.

Die Schwerkraft zählt zu den vier Grundkräften, und damit meinen wir, dass sie beständig wirkt. Und sei sie noch so gering, sie ist da. Schwerelosigkeit gibt es also nur in der Theorie. Eigentlich sollte man darum besser von Mikrogravitation sprechen. Es gibt verschiedene Wege, auf der

Erde eine kurzzeitige Mikrogravitation (10^{-2} bis 10^{-6} g) zu erzeugen, die für Forschungsexperimente ausreicht. Neben der ISS bietet die ESA Parabelflüge, den Fallturm in Bremen, Höhenforschungsraketen und die große Zentrifuge in Noordwijk an, um die Folgen veränderter Schwerkraftbedingungen auf Pflanzen zu studieren.

Der 146 Meter hohe Fallturm der Universität Bremen ermöglicht fünfsekündige Versuche im freien Fall, einem der Schwerelosigkeit vergleichbaren Zustand. Die Höhenforschungsraketen, die vom schwedischen Kiruna aus ins All geschossen werden, machen 45 Minuten lange Versuche unter der Bedingung der Schwerelosigkeit möglich. An der großen Zentrifuge der ESA in Noordwijk kann man Hypergravitationsexperimente mit Gewichtskräften von mehreren Hundert Kilogramm durchführen. Die Zentrifuge kann eine Schwerkraft von 2,5 g, die auf massereichen Planeten wie dem Jupiter herrschen könnte, aber auch eine weit größere Schwerkraft simulieren. Bei einem Weltraumflug können Pflanzen solchen Beschleunigungskräften ausgesetzt sein.

Mein Institut, das LINV, hat im Lauf der Jahre alle Einrichtungen genutzt, um die Folgen veränderter Schwerkraftbedingungen auf die Pflanzenphysiologie zu erforschen. Beim letzten Flug des Shuttle Endeavour vom 16. Mai 2011 war beispielsweise ein Experiment von uns an Bord, das uns etwas über die wichtigsten Gene zur Stress-Signalisierung sagen sollte. Dank der Versuchsergebnisse konnten wir, wie zuvor erwähnt, die These aufstellen, dass eine Veränderung der Schwerkraft für Pflanzen Stress bedeutet. Und die gute Nachricht ist, dass sie sich daran wie an anderen Stress gewöhnen.

Paria des Himmels

Die Weltraumforschung mit ihren Technikern, Wissenschaftlern, Verrückten und Visionären hat mich schon immer fasziniert. Als unsere Versuche 2004 für eine ESA-Parabelflugkampagne angenommen wurden, war mein erster Gedanke darum: Nun gehöre ich zum exklusivsten Klub der Welt, zu den wenigen handverlesenen Leuten, die die Schwerelosigkeit erleben dürfen. Davon hatte ich schon als Jugendlicher geträumt, als ich Science-Fiction-Romane nur so verschlang.

Wer an einem Parabelflug teilnehmen möchte, muss sich mit Geduld wappnen und haufenweise medizinische Untersuchungen und Bürokratie über sich ergehen lassen: Papiere, Formulare, Anträge, Vollmachten, Arztbesuche, Tests … Aber es lohnt sich. An meine erste Kampagne erinnere ich mich noch, als wäre es gestern gewesen, und später sollten sich noch sechs weitere dazugesellen. Die Parabelflugkampagnen der ESA werden mit einem Airbus A300-Zero-G geflogen, einem modifizierten Flugzeug, das von Bordeaux-Mérignac aus startet.

In der Woche vor unserem Flug brachte unser italienisch-deutsches Team die Geräte und Ausrüstung für unser hochkomplexes Experiment an Bord. Wir wollten die Signale erforschen, die Maiswurzeln unter der Bedingung der Schwerelosigkeit voraussichtlich auf Zellebene abgaben, und mussten daher die schwachen elektrischen Signale messen, die, so nahmen wir an, bei Schwerelosigkeit in einer nicht einmal einen Millimeter großen hochsensiblen Wurzelspitzenzone umgehend erzeugt wurden. Es gab dabei jede Menge Unbekannte. Wir wussten nicht, wie sich die

Flugzeugvibrationen auf die heiklen Messungen auswirken würden oder ob die Pflanzen überhaupt so gesund blieben, dass sie auf die Schwerkraftveränderung noch prompt reagieren konnten. Wir hatten also keine Ahnung, was wirklich auf uns zukommen würde, noch, ob es möglich wäre, die Pflanzen während des Experiments auszutauschen. Kurzum, wir waren eigentlich gar nicht darauf vorbereitet, unter solch außergewöhnlichen Bedingungen zu arbeiten, und auch wenn ich das nie zugegeben hätte, hielt ich das Experiment im Grunde von vornherein für gescheitert.

Die anderen Neulinge beschäftigte in der Woche vor dem Flug vor allem eins. Sie werden kaum drauf kommen: Dass die Parabelflüge offenbar eine so unheilvolle Wirkung

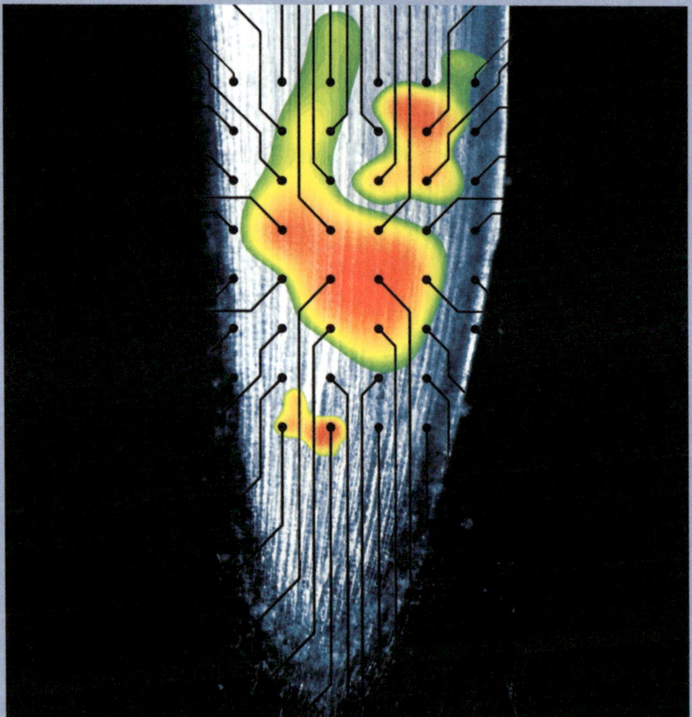

auf den Magen haben, dass man sie liebevoll «Vomit Comet» nennt. Aber darüber machte ich mir keine Sorgen. Naiv wie ich war, dachte ich, dass ich schließlich noch nie seekrank geworden war und mir die Experimente doch nicht von so etwas Banalem würde verderben lassen. Ich wollte mein Astronautenerlebnis einfach genießen.

Nach einer nahezu schlaflosen Nacht, in der ich mir lebhaft ausmalte, was alles schiefgehen konnte, war der Schicksalstag endlich da. Als ich in den blauen ESA-Overall schlüpfte, fühlte ich mich auf der Stelle wie ein echter Astronaut. Es störte mich nicht mal, dass er ein paar Nummern zu groß war. Er hatte alles, was ich brauchte: Er war blau mit leuchtendem ESA-Abzeichen und trug den Schrift-

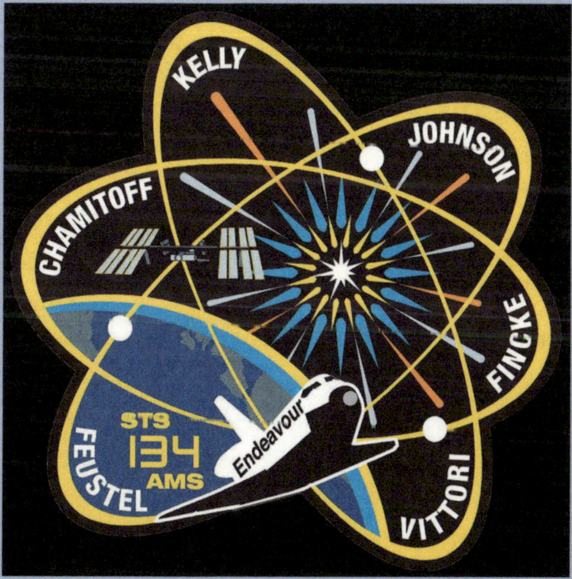

Links: Eine Mais-Wurzelspitze auf einer Mikroelektrodenmatrix. Diese misst die spontanen Aktionspotenziale der Zellen.

Rechts: Das Emblem der letzten Endeavour-Mission, bei der ein Versuch unseres Forschungsinstituts im Spaceshuttle mitflog.

zug «Parabolic Flight Campaign». Alles war genau so, wie es sein sollte. Dass in den zig Overalltaschen überall Spucktüten steckten, entlockte mir nur ein schwaches Lächeln.

Auf dem ersten Flug – eine Parabelflugkampagne besteht aus drei Flügen an drei aufeinanderfolgenden Tagen – wollte ich die Geräte überprüfen und, falls wider Erwarten alles funktionieren sollte, schon ein erstes Experiment durchführen. Das Flugzeug startete und drehte umgehend in Richtung Atlantik ab, wo die dreißig Parabeln geflogen werden sollten. Bei jedem Manöver würden wir etwa zwanzig Sekunden in Schwerelosigkeit schweben.

Jede Parabel beginnt mit einer Beschleunigungsphase: Etwa 30 Sekunden lang befindet sich das Flugzeug in einem rasend schnellen, 45 Grad steilen Steigflug, bei dem die Passagiere Beschleunigungskräften von fast 2 g ausgesetzt werden. Man hat das Gefühl, als würde man mindestens das Doppelte wiegen. Ist die Spitzengeschwindigkeit dann erreicht, drosselt der Pilot die Motoren und leitet den sogenannten ballistischen Flug ein. Das Flugzeug schießt wie ein Wurfgeschoss in die Atmosphäre, und die Schwerkraft nimmt ab. Der Wechsel von doppelter Schwerkraft zu Schwerelosigkeit geschieht vollkommen übergangslos. Man kann sich noch nicht einmal wundern, da ist das Wunder schon passiert. Man hebt ab und schwebt. Begriffe wie oben und unten werden bedeutungslos, und alle Bewegungen fühlen sich seltsam an. Manche sagen, es fühle sich an, als treibe man auf dem Meer, andere, als stürze man in einen Abgrund. Das Gefühl lässt sich nicht wirklich beschreiben, weil es so anders ist als alles, was man kennt. Und nachts träumen viele davon. Das Gehirn will die überwältigenden Sinneseindrücke irgendwie einordnen. Zweifellos

Meine erste Erfahrung mit der Schwerelosigkeit, auf einem Parabelflug der ESA.

ein fantastisches Erlebnis: Man wiegt nichts, schwebt über dem Boden, geht an der Flugzeugdecke entlang und schlägt endlos Purzelbäume. Wie wunderbar! An die erste Parabel erinnert man sich, wie bei anderen ersten Malen im Leben auch, sicherlich sein Leben lang! Doch dann gibt der Pilot wieder Gas, und aus dem Geist, der man war, wird wieder Materie.

Zu meiner großen Überraschung lief bei den Versuchen alles, wie es sollte, und das gleich bei der ersten Parabel. Während ich vor allem damit beschäftigt war, meine neue Schwerelosigkeit auszuprobieren, zeichneten die Computer signifikante Aktionspotenziale auf, ähnliche elektrische Signale wie die der Neuronen in unserem Gehirn. Die Signale traten in genau der Wurzelspitzenzone auf, wo wir sie erwartet hatten, und wurden von dort an die Nachbarzonen weitergeleitet. Wir wussten es damals natürlich noch nicht, aber wir maßen mit unserem Experiment die schnellsten Signale, mit denen eine Pflanze je auf einen Mangel an Schwerkraft reagiert hat. Die Aktionspotenziale in der Wurzel wurden ungefähr eineinhalb Sekunden nach Eintritt der Mikrogravitation erzeugt und weitergegeben. Ein toller Erfolg: Das bis dahin reaktionsschnellste gemessene Signal, eine pH-Wert-Veränderung, trat ungefähr 10 Minuten nach Eintritt der Schwerelosigkeit auf.

Einmal mehr bewiesen die Pflanzen, dass sie über eine wesentlich feinere Sinneswahrnehmung verfügen als gedacht. Ihre schnelle Reaktion auf die Schwerelosigkeit eröffnete der Forschung völlig neue Perspektiven. Denn möglicherweise war das nur der Beginn einer Reihe physiologischer Reaktionen, mit denen sich die Pflanzen an die veränderte Schwerkraft anpassten. Schon in nicht allzu ferner Zukunft werden wir, auch dank der Arbeit vieler anderer Weltraumbiologen, vielleicht wissen, wie sich die Überlebens- und Anpassungskünstler mit der Schwerelosigkeit arrangieren.

Erstaunt betrachtete ich die Signale, die sich mit jeder weiteren Parabel zuverlässig wiederholten. Ich fühlte mich wie im siebten Himmel. Erstmals schwebte ich durch den Raum, und gleichzeitig konnte ich die schnellste bekannte Reaktion einer Pflanze auf die Schwerelosigkeit aufzeichnen. Das war der Traum eines jeden Wissenschaftlers. Doch bekanntlich ist das Glück kein stabiler Zustand, sondern höchst flüchtig. Mit der zwanzigsten Parabel fingen die Probleme an – der Traum wurde zum Albtraum.

Die Schwerelosigkeit ist für perfekt aufgeräumte Räume gemacht: Wenn sich die Fesseln der Schwerkraft lösen, schwebt alles, samt Staub und Dreck, durch die Luft. Schon bei der ersten Parabel wurde das Bild von der magischen Chagall-Atmosphäre, in der Wissenschaftler zu Kindern werden und durch den Raum purzeln, empfindlich getrübt. Plötzlich tauchten Objekte auf, mit denen niemand gerechnet hatte: Schraubenzieher – sehr gefährlich, weil sie gern ins Auge fliegen –, Schrauben, Gläser, Socken, alte, zusammengeknüllte Taschentücher, leere Dosen, die tags zuvor verloren gegangenen Ohrringe einer französischen Kollegin und vor allem Eisen-, Aluminium-, Stahl-, Messing- und sonstige Späne, die bei den Versuchsvorbereitungen zu Boden gefallen waren.

Darauf waren wir nicht vorbereitet. Die erfahreneren Kollegen hatten alles mit feinen Netzen abgedeckt, was durch die Metallspäne gefährdet sein könnte. Wir nicht. Und so dauerte es nicht lange, bis ein winziges Metallstück in einen unserer Computer eindrang und ihn zum Explodieren brachte. Keine Ahnung, wie man sich in der Schwerelosigkeit bei einer Explosion am besten verhält. Meine Reisepartner verloren durch den Knall, die Flammen und den Gestank nach verbrannter Elektronik jedenfalls die Nerven, die durch die Parabeln ohnehin schon strapaziert waren, und zappelten unüberlegt herum. Ehrlich gesagt, kann man in der Schwerelosigkeit auch nicht wirklich fliehen. Der Instinkt rät einem zwar, schnellstens das Weite zu suchen, doch was dabei herauskommt, sind unkontrollierte Schleuderbewegungen, Ohrfeigen und Zusammenstöße mit der Flugzeugwand, die einen kaum von der Stelle bringen, aber die Beziehung zu den Kollegen nachhaltig ruinieren.

Nachdem man sich also in mehreren Sprachen beschimpft hatte und klar war, dass unser Experiment in die Luft geflogen war, stand ich plötzlich als Sündenbock da, den die Blicke der Kollegen mit Verachtung straften. Mir kam ein Buch von Isaac Asimov in den Sinn, das ich als Jugendlicher vergöttert hatte. Der italienische Titel «Paria des Himmels» schien meine Lage auf den Punkt zu bringen. Als das Feuer schließlich gelöscht und alle Ergebnisse gesichert waren, verzog ich mich daher mit der Demut, die mir meine Position als Paria gebot, in den entferntesten Winkel des Flugzeugs. Schlimmer konnte es nicht kommen, dachte ich. Aber ich sollte mich irren.

Nach Jahrzehnten friedlicher Koexistenz, in denen ich weder unter Seekrankheit noch unter Höhenangst oder Sonstigem gelitten hatte, hielt mein Magen offenbar die Zeit für gekommen, mich an seine Existenz zu erinnern. Nachher habe ich oft darüber nachgedacht, was ich wohl falsch gemacht habe, aber es war wohl wie bei Waterloo, dem katastrophalen Untergang von Kaiser Napoleon, eine Verkettung unglücklicher Umstände. Jedenfalls hatte ich eben noch meine Kollegen mit ihren Spucktüten belächelt, als mich schon dasselbe Schicksal ereilte.

Das war meine erste unvergessliche Begegnung mit der Schwerelosigkeit. An den nächsten Tagen konnten wir die Versuche dann mit einem sorgfältig mit Netzen geschützten Reservecomputer problemlos fortführen, und am Ende waren die Parabelflugversuche ein voller Erfolg: Wir konnten nachweisen, dass die Wurzel wesentlich schneller auf Schwerkraftveränderungen reagiert als angenommen und dass die 20 Sekunden Mikrogravitation, die der Parabelflug ermöglicht, vollkommen ausreichten, um die ersten Signale der Reaktionskette zu erforschen, mit der Pflanzen auf Schwerelosigkeit reagieren. Die Daten der ersten Parabelflugkampagne zeigten, wie extrem reaktionsschnell Pflanzen sind, und unter anderem dadurch konnten wir die wissenschaftliche Community und die Raumfahrtbehörden davon überzeugen, wie hervorragend geeignet Pflanzen als Forschungsobjekt für Parabelflüge waren.

Später nahm ich an weiteren Kampagnen teil, von denen manche noch reichere Früchte trugen. Doch die erste Kampagne mit all ihren Katastrophen, unbeschreiblichen Gefühlen, wissenschaftlichen Erfolgen, der Unerfahrenheit und allgemeinen Unbekümmertheit wird mir, wie andere «erste Male» auch, für immer im Gedächtnis bleiben und mich daran erinnern, wie abenteuerlich das Forscherleben sein kann.

9 LEBEN OHNE SÜSSWASSER

Der US-Bundesstaat Nevada ist großteils semiarid und wird von zahlreichen Bergketten durchzogen.

Ozean. Wassermenge, die etwa zwei Drittel einer Welt bedeckt, welche für den Menschen geschaffen ist – der keine Kiemen hat.

Ambrose Bierce, *Des Teufels Wörterbuch*

Süßwasser, eine begrenzte Ressource

Am 21. Mai 2005 hielt der amerikanische Schriftsteller David Foster Wallace vor Absolventen des Kenyon College in Ohio eine Abschlussrede. Er begann mit einer Parabel: «Schwimmen zwei junge Fische des Weges und treffen zufällig einen älteren Fisch, der in der Gegenrichtung unterwegs ist. Er nickt ihnen zu und sagt: ‹Morgen, Jungs. Wie ist das Wasser?› Die zwei jungen Fische schwimmen eine Weile weiter, und schließlich wirft der eine dem anderen einen Blick zu und sagt: ‹Was zum Teufel ist Wasser?›»

Die Geschichte kann uns viel über unsere heutigen Wasserprobleme sagen. Da Trinkwasser in den meisten westlichen Ländern leicht verfügbar und meist billig ist, scheint es uns unerschöpflich, sodass wir seine wirkliche Bedeutung verkennen. Schon die klassische Ökonomie war ähnlich blind. So schrieb David Ricardo 1817 in «Die Grundsätze der politischen Oekonomie oder der Staatswirthschaft und der Besteuerung»: «Nach den allgemeinen Grundsätzen von Angebot und Nachfrage kann man für den Gebrauch von Luft und Wasser oder jeder anderen Naturgabe, die in unbeschränkter Menge vorhanden ist, nichts im Austausch geben. Der Bierfabrikant, der Schnapsbren-

Das Wasser ist der Ursprung von allem.
Es kann auch die Veränderung aller Dinge erklären.
Denn die Samen aller Wesen sind von feuchter
Beschaffenheit, das Wasser aber macht das Prinzip für die
Natur des Feuchten aus. Zudem ist die Nahrung aller Wesen
feucht, und nach dem Tod trocknen die Lebewesen aus.

Thales von Milet

Gelobt seist du, mein Herr, für Schwester Wasser.
Sehr nützlich ist sie und demütig und kostbar und keusch.

Franz von Assisi, *Sonnengesang*

ner oder der Färber nutzen zur Herstellung ihrer Waren Luft und Wasser in unbegrenzter Menge; doch weil beide unbegrenzt vorhanden sind, haben sie keinen Preis.»

Doch mittlerweile ist Süßwasser durch eine steigende Nachfrage knapp geworden, und wie sich in den letzten Jahren gezeigt hat, gefährdet dies die nachhaltige Entwicklung der Menschheit. In seinem letzten Jahresbericht nannte das Weltwirtschaftsforum den Süßwassermangel die größte Bedrohung der Menschheit, und die ersten dramatischen Folgen langer Dürreperioden sind leider schon heute für jeden sichtbar. So wurde die gesamte Region des «fruchtbaren Halbmonds», wo vor etwa zwölftausend Jahren der Ackerbau seinen Anfang nahm, im Jahr 2006 und in den beiden Folgejahren von einer furchtbaren Dürre heimgesucht, der längsten seit Beginn der Aufzeichnungen. Und laut einer Studie der Universität Kalifornien liegt hier auch ein Hauptgrund für den Syrienkrieg. Die anhaltende Trockenheit versetzte der Landwirtschaft, die bereits stark unter Wasserknappheit litt, den Todesstoß und zwang eineinhalb Millionen Menschen, sich vom Land in die Städte aufzumachen, mit den bekannten katastrophalen Folgen.

Das Wasser auf unserer Erde ist zu 97 Prozent Meereswasser, und da dieses für Mensch, Landwirtschaft und Industrie nutzlos ist, konzentriert sich unsere Nachfrage folglich auf die verbleibenden 3 Prozent. Berücksichtigt man noch, dass 1 Prozent davon als Eis an den Polen liegt, bleiben uns von der irdischen Wassermenge eigentlich nur 2 Prozent. Und diesen 2 Prozent steht heute eine kontinuierlich wachsende Weltbevölkerung mit einem steigenden Lebensstandard gegenüber, der die Wassernachfrage von Industrie und Landwirtschaft weiter anheizt. Betrachtet man die Wassermenge insgesamt und im Jahresdurchschnitt, gäbe es auf der Erde dennoch ausreichend Süßwasser für alle, doch Angebot und Nachfrage variieren räumlich und jahreszeitlich erheblich. Viele Regionen der Welt leiden zu bestimmten Jahreszeiten unter beträchtlicher Wasserknappheit. Das Problem liegt gewissermaßen darin, dass Angebots- und Nachfragephasen geografisch und jahreszeitlich versetzt sind.

Angesichts einer Weltbevölkerung, die zumindest bis 2050 kontinuierlich wachsen wird, dürfte die Süßwasserversorgung schon in naher Zukunft zu einem der dringendsten Menschheitsprobleme werden. Im Jahr 2050 werden voraussichtlich mehr als 10 Milliarden Menschen Trinkwasser und vor allem Süßwasser für die Nahrungsmittelproduktion brauchen.

Um die abstrakten Zahlen etwas greifbarer zu machen, müssen wir uns nur vor Augen führen, dass wir dann zusätzlich zur jetzigen noch die Weltbevölkerung von 1960, das heißt weitere zweieinhalb Milliarden Menschen, ernähren müssen. Wir müssen also in circa dreißig Jahren so viele Nahrungsmittel produzieren, dass eine weitere Weltbevölkerung satt wird. Von dieser Warte aus betrachtet, erschließt sich die eigentliche Dimension des Problems –

obwohl ich gar nicht pessimistisch bin, was mögliche Lösungen betrifft. Doch dass die Erde ein solches Bevölkerungswachstum nur aushalten kann, wenn wir unsere Produktions- und Konsumgewohnheiten radikal verändern, liegt auf der Hand.

Noch schwieriger, falls das überhaupt noch geht, scheint die Ernährung von weiteren zweieinhalb Milliarden Menschen angesichts zahlreicher entmutigender Daten aus der Landwirtschaft. In den letzten Jahren haben nämlich vor allem in den Industrieländern die Ertragssteigerungen erheblich nachgelassen. Diese Entwicklung ist so beunruhi-

Durch anhaltende Dürren und den Klimawandel trocknen die Böden aus. Ein alarmierendes Signal!

gend, dass wir uns die Gründe einmal näher anschauen sollten. Wenn die Lebensmittelnachfrage steigt, hat man nur zwei Optionen: die Erträge zu steigern und/oder die Ackerflächen auszuweiten. Und auch wenn die weltweiten Erträge in den letzten zehn Jahren insgesamt gestiegen sind, gibt ihre Stagnation in den Industrieländern Anlass zur Sorge. Zahlreiche Wissenschaftler sehen den Grund dafür nämlich darin, dass die biophysische Ertragsgrenze der Nutzpflanzen in vielen entwickelten Regionen – in China und Japan beim Reis, in Großbritannien, Deutschland und den Niederlanden beim Weizen und in Italien und Frankreich beim Mais – bereits erreicht ist.

Ein weiterer Grund dürfte der Klimawandel sein. So konnte Navin Ramankutty, Professor für Nahrungsmittelsicherheit und Nachhaltigkeit an der Universität von British Columbia in Kanada, in einer Studie von 2016 sehr eindrücklich die globalen Kosten belegen, die in der zweiten Hälfte des 20. Jahrhunderts durch Klimakatastrophen entstanden sind. Die Studie, für die zweitausendachthundert hydrometereologische Katastrophen, Trockenperioden und Perioden mit Extremtemperaturen zwischen 1964 und 2007 in hundertsiebenundsiebzig Ländern untersucht wurden, kommt zu dem Ergebnis, dass die Getreideerträge dadurch um 10 Prozent gesunken sind – wobei man noch ergänzen muss, dass bekanntlich 70 Prozent aller vom Menschen verbrauchten Kalorien von Getreide stammen.

Aber das ist noch nicht alles. In den Industrieländern haben die Trockenperioden nämlich etwa einen doppelt so starken Produktionsrückgang verursacht wie in weniger entwickelten Landwirtschaften. In Australien, Nordamerika und Europa sanken die Ernteerträge dadurch um durch-

Die Kakteen haben sich an das Leben in Trockenzonen angepasst, in denen Süßwasser äußerst knapp ist.

schnittlich 19,9 Prozent, also ungefähr doppelt so stark wie im weltweiten statistischen Mittel. Die Studie geht davon aus, dass die Ursache dafür die in den Industrieländern weitverbreiteten Monokulturen sind, und bestätigt damit Versuchsergebnisse zu den Gefahren einer fehlenden landwirtschaftlichen Diversifikation. In Nordamerika, wo auf riesigen Flächen die immer selben Getreidesorten mit immer denselben Anbaumethoden angebaut werden, kann ein einziges unvorhergesehenes Ereignis die gesamte Ernte beschädigen oder gar vernichten, während in den Entwicklungsländern, wo verschiedene Getreidesorten als bunte Flickenteppiche wachsen, immer nur ein Teil der Ernte beeinträchtigt wird, der Rest aber ungeschoren davonkommt.

Schon in naher Zukunft werden laut sämtlicher Prognosen die Extremwetterlagen, die offensichtlichsten Folgen des Klimawandels, an Zahl und Intensität zunehmen. Die Erträge werden in den kommenden Jahren also noch weiter sinken.

Angesichts stagnierender oder gar sinkender Ernteerträge scheint die einzig mögliche Antwort auf den wachsenden Nahrungsmittelbedarf also der Ausbau der Ackerflächen. Doch das birgt wiederum andere Probleme. Zum einen ist jede Abholzung zugunsten landwirtschaftlicher Flächen nicht mehr hinnehmbar, denn dadurch werden Flächen zerstört, die für das ökologische Gleichgewicht der Erde unverzichtbar sind. Hinzu kommt, dass die zusätzlichen Flächen früher oder später nur noch sinkende Erträge hervorbringen und in absehbarer Zeit unfruchtbar sein werden. Die Rechnung geht also nicht auf, weil die kurzzeitigen Ertragssteigerungen die negativen Auswirkungen auf das Klima und damit wiederum auf die Ernteerträge nicht wettmachen können. Jeder Lösungsansatz, bei dem Wälder abgeholzt und in riesige landwirtschaftliche Flächen umgewandelt werden, hätte für die Erde katastrophale Folgen.

Viele scheinbar potenzielle Ackerflächen sind zudem aus den verschiedensten Gründen, zu denen auch der Mensch beiträgt, nicht wirklich für die Landwirtschaft geeignet. So wäre Ackerbau auf salzhaltigen Flächen theoretisch möglich – soweit sie nicht aufgrund ihres zu hohen Salzgehalts für Pflanzen giftig sind.

Die Versalzung der Böden ist ein Problem, das bislang unterschätzt wird. Heute sind in den ariden Zonen vermutlich 3,6 von 5,2 Milliarden landwirtschaftlich genutzte Hektar übersalzen. Fast 10 Prozent der Landfläche (950 Millionen Hektar) und 50 Prozent der bewässerten Flächen unserer Erde (230 Millionen Hektar) haben ein Salzproblem. Die Versalzung ist mittlerweile schon für kontinuierliche Ernterückgänge im Wert von derzeit jährlich 12 Milliarden Dollar verantwortlich. Zudem beschleunigt der Klimawandel auch die Versalzung der Böden, weil durch steigende Meeresspiegel Salzwasser in Süßwasserschichten einsickern kann oder küstennahe Bereiche überschwemmt werden.

Geeignete Ackerflächen sind also nicht so zahlreich, wie es zunächst scheint, sondern ein knappes, heiß begehrtes Gut. Um die Ernährung ihrer Bevölkerung sicherzustellen, kaufen darum manche Länder Agrarland auf. Dieser Landraub hat mittlerweile besorgniserregend gigantische Ausmaße angenommen. Zwischen 2000 und 2012 wurden für circa 83 Millionen Hektar eingetragene Pacht- oder Kaufverträge abgeschlossen, das entspricht über 2 Prozent der weltweit landwirtschaftlich nutzbaren Flächen. Diese liegen vor allem in Afrika, etwa im Sudan, in Tansania, Äthiopien oder der Demokratischen Republik Kongo. Weite Teile Afrikas, Lateinamerikas und Südostasiens und in letzter Zeit auch Europas sind heute vom Landraub betroffen.

Das eigentliche Problem des 21. Jahrhunderts ist also die Nahrungsmittelsicherheit. Wie schaffen wir es, die wachsende Weltbevölkerung ausreichend zu ernähren? Wie können wir die Ernährung unserer Welt sicherstellen, obwohl immer weniger ertragreiche Flächen und Süßwasser-

Halophyten vertragen Salz und können allein mit Meereswasser gedeihen.
Durch ihre Erforschung können wir viel über Salztoleranz lernen.

quellen verfügbar sind? Wir werden darauf nur eine Antwort finden, wenn wir unsere Landwirtschaft revolutionieren. Wenn wir unsere Ressourcen nicht weiter angreifen und den Klimawandel nicht weiter beschleunigen wollen, müssen wir unsere Vorstellung von landwirtschaftlicher Produktion vollkommen neu definieren. So könnten wir der Zwickmühle aus steigendem Nahrungsmittelbedarf und Umweltschutz beispielsweise durch die teilweise Verlagerung der Lebensmittelproduktion aufs Meer entgehen. Das scheint auf den ersten Blick vielleicht reine Spinnerei, aber überlegen wir doch mal. Das Wasser auf unserer Erde ist zu 97 Prozent Salzwasser. Die Meere bedecken zwei Drittel der Erdoberfläche. Ich bin darum fest davon überzeugt, dass wir lange vor irgendwelchen Außenstellen im All Außenstellen auf dem Meer haben werden. Wir müssen dafür noch einige technische Probleme lösen und unsere Nahrungsmittelpalette um salztolerante Pflanzen erweitern. Doch das sind überschaubare Probleme, die wir meistern können.

Mit Salzwasser leben

Mit einer Landwirtschaft, die an Böden mit höherem Salzgehalt angepasst ist, hätten wir der Süßwasserknappheit etwas entgegenzusetzen. Doch bislang reagieren alle herkömmlichen Kulturen empfindlich auf Salze, und selbst die wenigen sogenannten salztoleranten Sorten können nur mit einem Meerwasseranteil von 30 Prozent bewässert werden. Bei einer Bewässerung mit höherem Salzgehalt sinken die Erträge erheblich, weil die Pflanzen förmlich vergiftet werden. Obwohl man in den letzten Jahrzehnten vielfach versucht hat, die Salzverträglichkeit der verbreitetsten Nutzpflanzen zu erhöhen, sind durchschlagende Erfolge ausgeblieben.

Die zahlreichen gescheiterten Ansätze zur Erhöhung der Salzverträglichkeit unserer Nutzpflanzen lassen es eher unwahrscheinlich erscheinen, dass wir in näherer Zukunft herkömmliche Nutzpflanzen in salziger Umgebung anbauen werden. Seit einigen Jahren konzentriert sich die Forschung daher auf eine Pflanzengruppe, die das Salzproblem schon gelöst hat. Die sogenannten Halophyten (von griech. *háls*, Salz, und *phytón*, Pflanze) wachsen autochthon auf natürlichen salzhaltigen Flächen wie Salzwüsten, Küstenregionen und Salzlagunen. Sie blühen und gedeihen also in Gegenden, die jede andere Pflanze umbringen würden. Wenn es uns gelänge, die Salzpflanzen, von denen viele für Mensch und Tier genießbar sind, zu kultivieren, könnten wir sie mit Salz- und Meereswasser bewässern, und selbst Meeresküsten und andere salzhaltige Landstriche könnten reiche Ernte tragen. Und wenn wir mehr über ihre morphologischen, physiologischen und biochemischen Anpassungsmechanismen wüssten, könnten wir vielleicht auch die Salztoleranz unserer Nutzpflanzen erhöhen.

Stellen Sie sich einmal vor, wir würden Salzpflanzen oder andere salztolerante Pflanzen in schwimmenden Gewächshäusern auf dem Meer anbauen. Dann wären Raum und Wasser auf einmal kein Problem mehr und die Ernährung der Menschheit ein für alle Mal gesichert.

Durch den Menschen und den Klimawandel versalzen in letzter Zeit
immer mehr Böden. Die steigenden Meeresspiegel verwandeln jedes Jahr riesige
einst fruchtbare Gebiete in salziges und somit unfruchtbares Gelände.

Jellyfish Barge – Das schwimmende Gewächshaus

Vor einigen Jahren habe ich bei einer Veranstaltung, die Ilaria Fendi auf ihrem römischen Gut Casali del Pino organisierte, Cristiana Favretto und Antonio Girardi kennengelernt, ein junges Architektenehepaar, das sich hauptsächlich von der Pflanzenwelt inspirieren lässt. Die beiden beschäftigten sich schon damals seit Jahren damit, pflanzliche Grundprinzipien in Architektur zu überführen – mit ausgesprochen originellen Ergebnissen. Dank unserem gemeinsamen Interesse, der visionären Kraft ihrer Projekte und einer spontanen Sympathie konnte es nicht lange dauern, bis wir uns über unsere Erfahrungen und aktuellen Projekte unterhielten. Und so hörte ich zum ersten Mal von Jellyfish, einem Konzept, an dem die beiden gerade arbeiteten: Ein schwimmendes Gewächshaus sollte Salzwasser in Süßwasser umwandeln und die Gewächshauspflanzen damit bewässern. Auf den ersten überaus überzeugenden Skizzen war eine durchsichtige Kuppel zu sehen, von der unten lange Taue abgingen, die wie Tentakeln im Meer schwammen und Salzwasser aufnahmen. Und weil das Gewächshaus damit aussah wie eine Qualle, hatte sich der Name «Jellyfish» (engl. Qualle) geradezu aufgedrängt. Die Idee der beiden gefiel mir außerordentlich, auch weil sie ein erster Schritt in Richtung der Meerwasserfabrik war, die mir schon länger im Kopf herumspukte.

Angeregt unterhielten wir uns über die zahlreichen noch ungelösten technischen Probleme und fragten uns, ob es nicht sinnvoll wäre, aus dem theoretischen Konzept einen funktionierenden Prototypen zu entwickeln. Am Ende

Im Inneren von Jellyfish Barge wachsen Salatköpfe.
Das schwimmende Gewächshaus kann Lebensmittel produzieren, ohne Ressourcen zu verbrauchen.

lud ich die beiden ein, mich am LINV in Florenz zu besuchen, um einmal ausführlicher über das Thema und eine eventuelle Zusammenarbeit zu sprechen. Schließlich zerbrachen wir uns wochenlang darüber den Kopf, wie aus Jellyfish das Gewächshaus der Zukunft werden konnte, und entwickelten für die Mini-Meeresfabrik immer mehr unabdingbare Anforderungen. Und irgendwann hatten wir ein spannendes, überaus ehrgeiziges Projekt. Unser System sollte vollkommen autonom pflanzliche Lebensmittel erzeugen, dabei ohne Erde auskommen, nicht einen einzigen Tropfen Süßwasser verbrauchen und allein von Solarenergie oder anderen nachhaltigen Energien wie Wind oder Wellengang gespeist werden. Mit weniger wollten wir uns nicht zufriedengeben. Wir wollten eine Wunderfabrik, die Nahrungsmittel erzeugte, ohne Ressourcen zu verbrauchen.

Jellyfish sollte unser Beitrag zur Welternährung sein. Den Namen «Jellyfish» ergänzten wir daher um «barge» – Floß. Jellyfish Barge (JB) würde das Rettungsfloß sein, das Lebensmittel auch unter den Bedingungen einer Katastrophe produzieren konnte.

Nun ist eine Lebensmittelproduktion, die keine Ressourcen verbraucht, eigentlich der Stein der Weisen. Ein Nachhaltigkeitsziel, das kaum zu erreichen ist, eine Herausforderung, an der man eigentlich nur scheitern kann. Zunächst wollte uns die Quadratur des Kreises auch nicht gelingen – trotz allen guten Willens und eines unermüdlich arbeitenden Teams, zu dem außer Antonio und Cristiana später noch Elisa Azzarello, Elisa Masi und Camilla Pandolfi hinzukamen. Wir fanden zwar für einige Anforderungen eine Lösung, aber nie für alle zugleich. Verzichteten wir auf Süßwasser, brauchten wir viel Energie; drosselten wir den Energieverbrauch, konnten wir keine Hydrokultur mit Nährflüssigkeit anlegen. Je mehr Zeit verging, desto mehr gelangten wir zu der Einsicht, dass unsere Vision wohl ein Traum bleiben würde – auch, weil wir uns noch weitere Bedingungen auferlegt hatten: Alle Jellyfish-Barge-Bauteile sollten komplett wiederverwertbar und möglichst schon aus wiederverwerteten Rohstoffen hergestellt sein.

Die zahllosen Probleme, auf die wir in den nächsten Monaten stießen, schienen uns immer unlösbarer. Jeder neue Anlauf brachte nur weitere Fehlschläge mit sich. Schließlich kreisten wir noch eine Weile um die zahlreichen Aspekte des Projekts, doch die endlosen Anforderungen, die wir daran gestellt hatten, lähmten uns jetzt. Und wir hatten nicht die leiseste Vorstellung, wie wir da je wieder herauskommen sollten. Doch irgendwann kehrten wir zu unserer Ausgangsidee zurück. Wir ließen uns wieder von den Pflanzen inspirieren und durchforsteten die Natur, um dort Lösungen für die zermürbenden technischen Probleme zu finden.

Antonio und Cristiana nahmen sich das Konzept noch einmal vor. Jellyfish sollte sich nun auch strukturell am pflanzlichen Körperaufbau orientieren, und der erste Schritt dazu war die Modularität. So wie eine Pflanze aus sich wiederholenden Modulen besteht, deren Anzahl je nach Größe variiert, sollte Jellyfisch sowohl für sich allein funktionstüchtig sein – wenn nur ein autonomes Gewächshaus auf dem Meer schwamm – als auch im Modulverbund, der einen großflächigen Anbau ermöglichen würde. Als Grundform wählten wir ein Achteck, weil seine Geometrie eine optimale Raumausnutzung und im Fall des Modulverbunds ausreichend Transportkapazitäten und Platz für Gemeinschaftsfunktionen garantierte.

Das größte Kopfzerbrechen bereitete uns allerdings die Planung der Meerwasserentsalzungsanlage. Doch auch hier ließen wir uns von der Natur und den Pflanzen inspirieren. Mir fiel wieder die kurze, knappe Beschreibung des Wasserkreislaufs von Leonardo da Vinci im *Codice atlantico* ein. Aus der Beobachtung der Natur hatte er geschlossen, dass das Wasser einerseits aus den Flüssen ins Meer lief und andererseits aus dem Meer in die Flüsse. Und wenn wir über diesen natürlichen Wasserkreislauf nachdenken, fällt uns zwangsläufig auf, dass dabei sehr wirkungsvoll entsalzen wird. Wenn Meerwasser verdunstet, bleiben die aufgelösten Salze zurück, und wenn das verdunstete Wasser schließlich Wolken bildet, kondensiert und als Regen auf die Erde zurückkehrt, hat es sich in Süßwasser verwandelt.

Der erste Jellyfish-Barge-Prototyp hatte ein tragendes Gerüst aus Holz und konnte Gemüse ohne Süßwasser, ohne Erde und allein mit Sonnenenergie erzeugen.

Dank der Sonne werden tagtäglich gigantische Wassermengen durch Verdunstung entsalzen, und weil über die Pflanzenblätter ebenfalls Wasser verdunstet, sind auch die Pflanzen Teil des Wasserkreislaufs. So haben die riesigen Wassermengen, die beispielsweise im Amazonasregenwald verdunsten, erheblichen Einfluss auf unser Klima. Und über Bäume wie Mangroven kann Meerwasser sogar direkt verdunsten.

Die solare Meerwasserentsalzung schien uns für Jellyfish daher am besten geeignet. Das Verfahren ist eigentlich höchst simpel: Die Sonneneinstrahlung lässt das Meerwasser verdunsten, das dann in kühlerer Umgebung wieder kondensiert und in seinen flüssigen Zustand zurückkehrt.

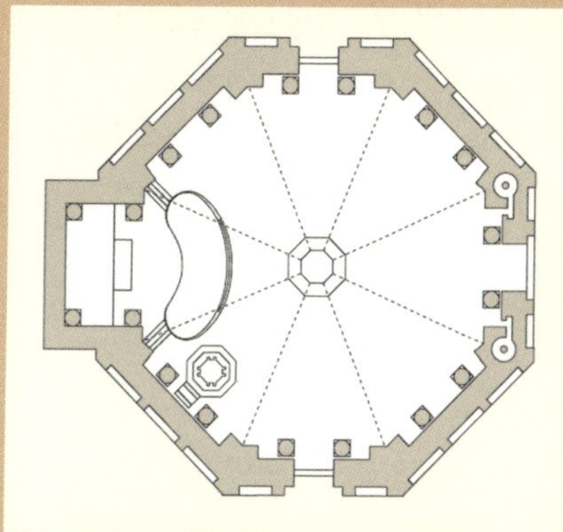

Links: Der achteckige Grundriss eines romanischen Gebäudes, Vorbild für Jellyfish-Barge. Zu den berühmtesten achteckigen Bauwerken zählen Castel del Monte in Apulien, das Baptisterium in Florenz und das Haus von Thomas Jefferson in Virginia.

Rechts: Durch die Hydrokultur im Inneren von Jellyfish Barge kann das entsalzene Meerwasser produktiver genutzt werden.

Wie wir bei unserer Arbeit herausfanden, wurde das Verfahren im Zweiten Weltkrieg auch von verzweifelten amerikanischen Soldaten angewendet, die es beispielsweise, Robinson lässt grüßen, auf eine einsame Insel ohne Süßwasser verschlagen hatte. Die amerikanische Armee produzierte sogar ein Überlebens-Kit, das Meereswasser unter tropischer Sonne in Trinkwasser verwandeln konnte. Wir haben versucht, uns so ein Kit zu beschaffen, aber vergeblich. Doch das Funktionsprinzip war klar. Wir konnten daher recht schnell eine Entsalzungsvorrichtung für das Mittelmeer entwickeln, die täglich über 200 Liter Süßwasser erzeugte. Mehr als genug also für die Hydrokultur, von der sich die Jellyfish-Pflanzen ernähren sollten.

Nachdem wir das Süßwasserproblem endlich gelöst hatten, konnten wir uns dem Bau des Prototyps zuwenden. Dafür brauchten wir allerdings einen Sponsor, der an unser Projekt glaubte. Doch zu unserer großen Überraschung war das einfacher als gedacht. Jellyfish gefiel, und die Vorteile einer Lebensmittelerzeugung, die keine Ressourcen verbrauchte, leuchteten unmittelbar ein. Die Fondazione Cassa di Risparmio Firenze, die Stiftung der Sparkasse Florenz, die sich schon von Anfang an für unser Projekt interessiert hatte, wurde unser Hauptsponsor.

Den ersten funktionierenden Prototyp konnten wir schnell fertigstellen. Alles lief glatt. Das Gewächshaus schwamm, das Hydrokultursystem hielt, und die Entsalzungsvorrichtung produzierte genügend Süßwasser. Das einzige Problem war, dass das Süßwasser für unsere Zwecke zu rein war. Das durch die Solarentsalzung gewonnene Wasser war beinah wie destilliertes Wasser, das keinerlei Mineralstoffe enthält. Wir mischten darum das entsalzte Wasser mit 10 Prozent Meereswasser, wodurch wir noch dazu die nutzbare Wassermenge erhöhen konnten. Das Süßwasser wurde also nur so weit mit Mineralstoffen aus dem Meer angereichert, dass es die Pflanzen nicht vergiftete. Jellyfish funktionierte nun einwandfrei. Die Pflanzen wuchsen stetig und regelmäßig, und in nur einem Monat erzeugte das schwimmende Gewächshaus ungefähr fünfhundert perfekt genießbare Salatköpfe. Endlich konnte wirklich jeder sehen, dass eine Lebensmittelerzeugung, die keine Ressourcen verbrauchte, keine Spinnerei war. Wir hatten für eine visionäre Idee eine konkrete Umsetzungsmöglichkeit gefunden. Die Pflanzen aus dem Gewächshaus waren unser Beitrag zu einer nachhaltigen Zukunft.

Jellyfish Barge wurde schließlich als italienisches Projekt auf der Expo 2015 in Mailand präsentiert. Hunderttausende konnten dort zusehen, wie das Gewächshaus in dem alten Hafenbecken, der Darsena, schwamm. Inzwischen wurde Jellyfish in vielen Städten der Welt gezeigt und mehrfach international ausgezeichnet, unter anderem mit einer renommierten UN-Auszeichnung. Mehrere Architekturpreise beweisen zudem, dass Jellyfish Barge außergewöhnlich schön ist. Doch die Investoren lässt das alles kalt. Der Markt hat offenbar kein Interesse an einem Gewächshaus, das Gemüse erzeugt, ohne Ressourcen zu verbrauchen. Vielleicht stimmt doch, was ein Kollege einmal, nicht ohne eine gewisse Genugtuung, gesagt hat: «Ein Projekt gewinnt entweder Preise oder verkauft sich am Markt.» JB scheint zu denen zu gehören, die Preise gewinnen.

Es ist ein Jammer. Natürlich könnte Jellyfish noch besser, effizienter oder produktiver sein, aber das Wichtigste ist doch, dass das Gewächshaus funktioniert. Man muss sich nur einmal klarmachen, was es für die Lebensmittelproduktion bedeutet, ohne fruchtbare Erde, ohne Süßwasser und allein mit Solarenergie auszukommen. Ich hatte gedacht, die Interessenten würden Schlange stehen und könnten es kaum erwarten, aus unserem Prototyp ein Serienprodukt zu entwickeln. Wir hatten so schnell einen Sponsor gefunden, der an unsere Idee glaubte, also müssten wir doch noch schneller, so dachten wir alle, ein Unternehmen finden, das sich für den mehrfach ausgezeichneten funktionstüchtigen Prototyp interessierte. Doch weit gefehlt. Nichts als ein paar laue Interessenten, die bald wieder absprangen. Bestimmt lag das auch an uns, mehr aber noch an den ehernen Regeln des Marktes und seinen merkwürdigen Gepflogenheiten. Man taucht in eine ritualisierte und häufig provinzielle Welt ein, deren Anforderungen die meisten Forscher abschrecken.

So kann man heute beispielsweise nirgendwo mehr ohne einen Businessplan aufkreuzen. Man wird danach gefragt, noch ehe man überhaupt seinen Namen genannt hat. «Haben Sie denn keinen Businessplan?» Dann folgen auf ein kurzes, ungläubiges Schweigen im besten Fall ein höfliches, enttäuschtes Kopfschütteln und schließlich der Hinweis, dass man unter diesen Umständen leider nicht weiterhelfen könne. Doch die liebenswürdige Variante ist eher selten, den meisten gelingt es kaum, ihre Verachtung zu verbergen. Wie jetzt? Sie wollen mir kostbare Minuten meiner wertvollen Zeit rauben und kommen ohne Businessplan? Haben Sie denn wenigstens einen Elevator Pitch? Einen was?

Was zu viel ist, ist zu viel! Wir haben es trotzdem versucht und damit viel Zeit verloren. Wir haben einen fantastischen Elevator Pitch und einen überzeugenden Businessplan erarbeitet. Wir wollten uns den Anforderungen der Wirtschaft schließlich nicht entziehen. Aber es hat alles nichts genützt. Um nur ein Beispiel zu nennen: Wie aus dem Businessplan hervorging, lagen die Produktionskosten für einen Jellyfish-Salatkopf höher als beim herkömmlichen Anbau. Nicht viel, aber doch ein bisschen. Würde man allerdings beim herkömmlichen Anbau im normalen Gewächshaus die Kosten für Umwelt und Ressourcenverbrauch mitberücksichtigen, fiele der Vergleich völlig anders aus – und zwar eindeutig zugunsten des Jellyfish-Salats. Aber das interessiert niemanden, weil unsere Umwelt und gewissermaßen die ganze Erde, auf der wir leben, ja nichts kosten. So wie für Ricardo 1817. Man könnte meinen, es habe sich in den letzten zwei Jahrhunderten nichts geändert. Die Ressourcen, die uns allen gehören, darf jeder umsonst und vollkommen ohne Businessplan verbrauchen. Die Wirtschaft interessiert nur, wie sie ihre Gewinne steigern kann, aber nicht, wie man die Menschheit ernährt, ohne wertvolle Ressourcen zu verbrauchen. Das ist höchstens was für Durchgeknallte, vielleicht noch für Papst Franziskus, aber nichts, was die Herren des Geldes angehen würde. Aber wir lassen uns nicht entmutigen. Irgendwann wird uns nämlich nichts anderes übrig bleiben, als Lebensmittel im Meer anzubauen. Und dann wird sich bestimmt jemand an Jellyfish Barge erinnern, an ein Gewächshaus, das funktioniert und nur auf seinen Einsatz wartet.

///

ANHANG

LITERATURHINWEISE

VORWORT

C. Risen, *The world's most advanced building material is ... wood. And it's going to remake skyline*, «Popular science», 284 (3), 2014.

State of the world's plants, Bericht 2016, Hrsg. RBG Kew, https://stateoftheworldsplants.com/report/sotwp_2016.pdf.

1. GEDÄCHTNIS OHNE GEHIRN

A.-P. de Candolle, J. B. Lamarck, *Flore française ou descriptions succinctes de toutes les plantes qui croissent naturellement en France*, Paris [3]1805.

Gedächtnis, https://www.dwds.de/wb/Gedächtnis.

Victor Hugo, *Post-scriptum de ma vie*, zitiert nach https://gutezitate.com/zitat/202547

S. Lindquist et al., *Luminidependens (LD) is an arabidopsis protein with prion behavior*, «Proceedings of the National academy of sciences of the United States of America», 113 (21), 2016, S. 6065–6070.

S. Mancuso et al., *Experience teaches plants to learn faster and forget slower in environments where it matters*, «Oecologia», 175 (1), 2014, S. 63–72.

K. Y. Sanbonmatsu et al., *COOLAIR antisense RNAs from evolutionarily conserved elaborate secondary structures*, «Cell reports», 16 (12), 2016, S. 3087–3096.

2. VON DER PFLANZE ZUM PLANTOIDEN

F. Baluška, S. Mancuso, D. Volkmann, *Communication in plants. Neuronal aspects of plant life*, Berlin 2006.

P. B. Barraclough, L. J. Clark, W. R. Whalley, *How do roots penetrate strong soil?*, «Plant and soil», 255, 2003, S. 93–104.

A. Braun, *Das Individuum der Pflanze in seinem Verhältniss zur Species*, Berlin 1853, S. 37.

C. Darwin, *Journal of researches into the geology and natural history of the various countries visited by H. M. S. Beagle, under the command of captain Fitzroy, R.N., 1832–1836*, London 1839; deutsche Übersetzung: *Die Fahrt der Beagle, Darwins illus-*

trierte Reise um die Welt, üb. v. Eike Schönfeld, Darmstadt 2016, S. 170/171.

E. Darwin, *Phytologia. Or the philosophy of agriculture and gardening*, London 1800.

J. H. Fabre, *La plante. Leçons à mon fils sur la botanique*, Paris 1876.

J. W. von Goethe, *Versuch die Metamorphose der Pflanzen zu erklären*, Gotha 1790, http://gutenberg.spiegel.de/buch/-3642/1, Kapitel XIII, 90.

E. L. Greacen, J. S. Oh, *Physics of root growth*, «Nature new biology», 235, 1972, S. 24–25.

S. Mancuso et al., *Plant neurobiology. An integrated view of plant signaling*, «Trends in plant science», 11 (8), 2006, S. 413–419.

S. Mancuso et al., *The plant as a biomechatronic system*, «Plant signaling & behavior», 5 (2), 2010, S. 90–93.

S. Mancuso, B. Mazzolai, *Il plantoide. Un possibile prezioso robot ispirato al mondo vegetale*, «Atti dei Georgofili 2006», Serie VIII, Bd. 3, II, 2007, S. 223–234.

D. Murawski, *Genetic variation within tropical tree crowns*, in: *Biologie d'une canopée de forêt équatoriale. III: rapport de la mission d'exploration scientifique de la canopée de Guyane*, octobre-décembre 1996, a cura di F. Hallé et al., Pronatura International e Opération canopée, Paris-Lyon 1998.

3. DIE RAFFINIERTE KUNST DER NACHAHMUNG

Johann Joachim Winckelmann, *Gedanken über die Nachahmung der griechischen Werke in der Malerei und Bildhauerkunst*, Stuttgart 1969, Erstveröffentlichung 1755, http://gutenberg.spiegel.de/buch/-2446/3, Kapitel 3.

Charles Darwin, *Über die Einrichtungen zur Befruchtung Britischer und Ausländischer Orchideen Durch Insekten und Über die Günstigen Erfolge der Wechselbefruchtung* (Classic Reprint), Forgotten Books, 2017, S. 215–216.

F. Baluška, S. Mancuso, *Vision in plants via plant-specific ocelli?*, «Trends in plant science», 21 (9), 2016, S. 727–730.

–, *Plant ocelli for visually guided plant behavior*, «Trends in plant science», 22 (1), 2017, S. 5–6.

C. M. Benbrook, *Trends in glyphosate herbicide use in the United States and globally*, «Environmental sciences Europe», 28 (1), 2016, S. 3.

S. P. Brown, W. D. Hamilton, *Autumn tree colours as a handicap signal*, «Proceedings of the Royal Society of London B», 268 (1475), 2001, S. 1489–1493.

F. Darwin, *Lectures on the physiology of movement in plants. V. The sense-organs for gravity and light*, «New phytologist», 6, 1907, S.69–76.

G. S. Gavelis et al., *Eye-like ocelloids are built from different endosymbiotically acquired components*, «Nature», 523 (7559), 2015, S. 204–207.

G. Haberlandt, *Die Lichtsinnesorgane der Laubblätter*, Leipzig 1905.

S. Hayakawa et al., *Function and evolutionary origin of unicellular camera-type eye structure*, «Plos ONE», 10 (3), 2015.

A. Huxley, *Die Kunst des Sehens*, üb. v. Christoph Graf, München 1982, S. 42.

S. Mancuso, A. Viola, *Die Intelligenz der Pflanzen*, üb. v. Christine Ammann, München 2015.

S. Mancuso, *Aus Liebe zu den Pflanzen, Geschichten von Entdeckern, die die Welt veränderten*, üb. v. Christine Ammann, München 2017.

H. Murakami, *1Q84*, Köln [3]2012, S. 55.

N. Schuergers et al., *Cyanobacteria use micro-optics to sense light direction*, «eLife», 5, 2016.

N. I. Wawilow, *Origin and geography of cultivated plants*, Cambridge 1992. *Geographische Zentren unserer Kulturpflanzen*. In: «Verhandlungen des V. Internationalen Kongresses für Vererbungswissenschaft», Berlin 1927 = Zeitschrift für induktive Abstammungs- und Vererbungslehre, Supplementband 1, 1928, S. 342–369.

H. Wager, *The perception of light in plants*, «Annals of botany», 23 (3), 1909, S. 459–490.

4. BEWEGUNG OHNE MUSKELKRAFT

F. Darwin, *The address of the president of the British association for the advancement of science*, «Science – New series», 716 (28), 1908, S. 353–362.

C. Dawson, A.-M. Rocca, J. F. V. Vincent, *How pine cones open*, «Nature», 390, 1997, S. 668.

M. Ma et al., *Bio-inspired polymer composite actuator and generator driven by water gradients*, «Science», 339 (6116), 2013, S. 186–189.

S. Mancuso et al., *Subsurface investigation and interaction by self-burying bio-inspired probes. Self-burial strategy and performance in Erodium cicutarium* – Siehe Driller, Abschlussbericht, ESA Act, 2014, www.esa.int/gsp/ACT/doc/ARI/ARI%20Study%20Report/ACT-RPT-BIO-ARI-12-6401-selfburying.pdf.

C. Robertson McClung, *Plant circadian rhythms*, «The plant cell», 18 (4), 2006, S. 792–803.

5. CHILI-SÜCHTIGE UND ANDERE PFLANZENSKLAVEN

H. Boecker et al., *The runner's high. Opioidergic mechanisms in the human brain*, «Cerebral cortex», 18 (11), 2008, S. 2523–2531.

William S. Burroughs, *Junkie, in:* ders., *Junkie/auf der Suche nach Yage/ Naked Lunch/Nova Express*, üb. v. Carl Weissner, Frankfurt a. M. 1978, S. 190.

N. K. Byrnes, J. E. Hayes, *Personality factors predict spicy food liking and intake*, «Food quality and preference», 28 (1), 2013, S. 213–221.

Bill Bryson, *Eine kurze Geschichte der alltäglichen Dinge*, üb. v. Sigrid Ruschmeier, München 2010, S. 226.

F. Delpino, *Rapporti tra insetti e nettari extranuziali nelle piante*, «Bollettino della Società entomologica italiana», 6, 1874, S. 234–239.

M. Dicke, L. M. Schoonhoven, Joop J. A. van Loon, *Insect-plant biology*, Oxford 2005.

M. Nepi, *Beyond nectar sweetness. The hidden ecological role of non-protein amino acids in nectar*, «Journal of ecology», 102 (1), 2014, S. 108–115.

S. W. Nicolson, R. W. Thornburg, *Nectar chemistry*, in: *Nectaries and nectar*, Hrsg. S.W. Nicolson, M. Nepi, E. Pacini, Dordrecht 2007, S. 215–264.

P. S. Oliveira, V. Rico-Gray, *The ecology and evolution of ant-plant interactions*, Chicago 2007.

W. L. Scoville, *Note on capsicums*, «The journal of the American pharmaceutical association», 1 (5), 1912, S. 453–454.

6. GRÜNE DEMOKRATIEN

J. Almenberg, T. Pfeiffer, *Prediction markets and their potential role in biomedical research*. A review, «Biosystems», 102 (2–3), 2010, S. 71–76.

K. J. Arrow et al., *Economics. The promise of prediction markets*, «Science», 320 (5878), 2008, S. 877–878.

F. Baluška, S. Lev-Yadun, S. Mancuso, *Swarm intelligence in plant roots*, «Trends in ecology and evolution», 25 (12), 2010, S. 682–683.

E. Bonabeau, M. Dorigo, G. Theraulaz, *Swarm intelligence. From natural to artificial systems*, Oxford 1999.

J. L. Borges, *El idioma analítico de John Wilkins*, in: *Otras inquisiciones* (1937–1952), Sur, Buenos Aires 1952 (deutsch: *Befragungen*, in: ders., *Gesammelte Werke*, Bd. 5, II, München Wien 1974, S. 112.

R. J. G. Clément et al., *Collective cognition in humans. Groups outperform their best members in a sentence reconstruction task*, «Plos ONE», 8 (10), 2013.

L. Conradt, T. J. Roper, *Group decision-making in animals*, «Nature», 421, 2003, S. 155–158.

I. D. Couzin, Collective cognition in animal groups, «Trends in cognitive sciences», 13 (1), 2009, S. 36–43.

C. Darwin, *The correspondence of Charles Darwin*. Bd. 2: 1837–1843, Hrsg. F. Burkhardt, S. Smith, Cambridge 1987.

N. Epley, N. Klein, *Group discussion improves lie detection*, «Proceedings of the National academy of sciences of the United States of America», 112 (24), 2015, S. 7460–7465.

Harry Emerson Fosdick, http://www.beste-zitate.de/harry-emerson-fosdick/ zitiert nach: The home book of quotations. Classical and modern.

B. Franklin, *From Benjamin Franklin to Jonathan Williams, Jr., 8. April 1779*, in: *The papers of Benjamin Franklin*. Bd. 29: 1. März–30. Juni 1779, Hrsg. B. B. Oberg, New Haven-London 1992, S. 283–284.

D. A. Garvin, K. R. Lakhani, E. Lonstein, *TopCoder (A). Developing software through crowdsourcing*, «Harvard Business School case collection», Fall Nr. 610–032, 2010.

G. Gigerenzer, *Gut feelings. The intelligence of the unconscious*, New York 2007 (deutsch: *Bauchentscheidungen, Die Intelligenz des Unbewussten und die Macht der Intuition*, üb. v. Hainer Kober, München [11]2008).

F. Hallé, *Éloge de la plante. Pour une nouvelle biologie*, Paris 1999.

N. L. Kerr, R. S. Tindale, *Group performance and decision making*, «Annual review of psychology», 55, 2004, S. 623–655.

J. Krause, S. Krause, G.D. Ruxton, *Swarm intelligence in animals and humans*, «Trends in ecology and evolution», 25 (1), 2010, S. 28–34.

S. Mancuso et al., *Swarming behavior in plant roots*, «Plos ONE», 7 (1), 2012.

B. Mellers et al., *Psychological strategies for winning a geopolitical forecasting tournament*, «Psychological science», 25 (5), 2014, S. 1106–1115.

James Madison, üb. v. Christine Ammann, nach https://de.usembassy.gov/de/digitalpressoffice/.

Plant roots. *The hidden half*, Hrsg. T. Beeckman, A. Eshel, 42013, Boca Raton 2013.

Platon, *Gorgias*, http://gutenberg.spiegel.de/buch/platons-werke-2430/44, üb. v. Friedrich Schleiermacher.

Platon, *Protagras*, http://gutenberg.spiegel.de/buch/platons-werke-2430/12.

J. Surowiecki, *The wisdom of crowds. Why the many are smarter than the few and how collective wisdom shapes business, economies, societies and nations*, New York 2004 (deutsch: *Die Weisheit der Vielen*, üb. v. Gerhard Beckmann, München 2005).

M. Wolf et al., *Accurate decisions in an uncertain world. Collective cognition increases true positives while decreasing false positives*, «Proceedings of the Royal Society of London B», 280 (1756), 2013.

–, *Collective intelligence meets medical decision-making. The collective outperforms the best radiologist*, «Plos ONE», 10 (8), 2015.

–, *Detection accuracy of collective intelligence assessments for skin cancer diagnosis*, «Jama dermatology», 151 (12), 2015, S. 1346–1353.

–, *Boosting medical diagnostics by pooling independent judgments*, «Proceedings of the National academy of sciences of the United States of America», 113 (31), 2016, S. 8777–8782.

A. W. Woolley et al., *Evidence for a collective intelligence factor in the performance of human groups*, «Science», 330 (6004), 2010, S. 686–688.

7. URPFLANZEN

Corbusier, 1933, *Congrès Internationaux d'Architecture Moderne*, http://www.netztexte.net/55radolfzell/zitate.html.

M. Dacke, T. Nørgaard, *Fog-basking behaviour and water collection efficiency in Namib desert darkling beetles*, «Frontiers in zoology», 7 (23), 2010.

J. D. Hooker, *On Welwitschia, a new genus of* Gnetaceae, «Transactions of the Linnean society of London», 24 (1), 1863, S. 1–48.

J. Ju et al., *A multi-structural and multi-functional integrated fog collection system in cactus*, «Nature communications», 3 (1247), 2012.

Leonardo da Vinci, *Das Buch von der Malerei*, üb. v. Heinrich Ludwig, Bd. II, Abschnitt 842, S. 257, Wien 1882.

LIfe and letters of Sir Joseph Dalton Hooker. Bd. 2, Hrsg. L. Huxley, John Murray, London 1918, S. 25.

Y. Zheng et al., *Directional water collection on wetted spider silk*, «Nature», 463, 2010, S. 640–643.

8. WELTRAUMPFLANZEN

E. E. Aldrin, N. Armstrong, M. Collins, *First on the moon. A voyage with Neil Armstrong, Michael Collins and Edwin E. Aldrin, Jr.*, New York 1970.

I. Asimov, *Pebble in the Sky*, Doubleday, New York 1950 (Italienische Übersetzung: *Paria dei cieli* (Paria des Himmels) , Mailand 2015, deutscher Titel: *Ein Sandkorn am Himmel*, üb. v. Irene Holicki, München 2015).

P. W. Barlow, *Gravity perception in plants. A multiplicity of systems derived by evolution?*, «Plant, cell & environment», 18 (9), 1995, S. 951–962.

S.I. Bartsev, E. Hua, H. Liu, *Conceptual design of a bioregenerative life support system containing crops and silkworms*, «Advances in space research», 45 (7), 2010, S. 929–939.

S. Mancuso et al., *Root apex transition zone. A signalling-response nexus in the root*, «Trends in plant science», 15 (7), 2010, S. 402–408.

S. Mancuso et al., *Gravity affects the closure of the traps in* Dionaea muscipula, «Biomed research international», 2014, www.hindawi.com/journals/bmri/2014/964203/.

S. Mancuso et al., *The electrical network of maize root apex is gravity dependent*, «Scientific reports», 5 (7730), 2015.

Carl Sagan, *Pale blue dot. A vision of the human future in space*, (deutsch: *Blauer Punkt im All. Unsere Heimat Universum*, Eltville 1999).

9. LEBEN OHNE SÜSSWASSER

Ambrose Bierce, *Des Teufels Wörterbuch*, üb. v. Gisbert Haefs, Zürich 2013, S. 126.

K. G. Cassman, K. M. Eskridge, P. Grassini, *Distinguishing between yield advances and yield plateaus in historical crop production trends*, «Nature communications», 4 (2918), 2013.

Franz von Assisi, *Sonnengesang, Das Erbe eines Armen. Die Schriften des Franz von Assisi*. Hrsg. Leonhard Lehmann, Innsbruck 1990.

C. P. Kelley et al., *Climate change in the Fertile Crescent and implications of the recent Syrian drought*, «Proceedings of the National academy of sciences of the United States of America», 112 (11), 2015, S. 3241–3246.

Land concentration, land grabbing and people's struggles in Europe, Bericht 2013, Hrsg. Transnational Institute, www. tni.org/en/publication/land-concentration-land-grabbing-and-peoples-struggles-in-europe-0.

C. Lesk, N. Ramankutty, P. Rowhani, *Influence of extreme weather disasters on global crop production*, «Nature», 529 (7584), 2016, S. 84–87.

M. Qadir et al., *Productivity enhancement of salt-affected environments through crop diversification*, «Land degradation and development», 19 (4), 2008, S. 429–453.

K. Riadh et al., *Responses of halophytes to environmental stresses with special emphasis to salinity, «Advances in botanical research»*, 53, 2010, S. 117–145.

D. Ricardo, *On the principles of political economy and taxation*, London 1817. (deutsch: *Die Grundsätze der politischen Oekonomie oder der Staatswirthschaft und der Besteuerung*, üb. v. Christian August Schmidt, Weimar 1821.

C. J. Ruan et al., *Halophyte improvement for a salinized world*, «Critical reviews in plant sciences», 29 (6), 2010, S. 329–359.

The Global Risks, Bericht 2016, Hrsg. Weltwirtschaftsforum www3.weforum.org/docs/Media/TheGlobalRisksReport2016. pdf.

D. F. Wallace, *Das hier ist Wasser*, Köln 2009, S. 9.

BILDNACHWEIS

Mit freundlicher Genehmigung von Stefano Mancuso: 6/7, 19, 25, 26, 30/31, 45, 48, 52/53, 63, 65, 67 oben, 67 unten, 73 links, 76, 90, 91, 94, 98–99, 104/105, 107, 108 oben, 111, 125, 128, 130/131, 134, 140, 144, 149, 172/173, 176, 179, 183, 186, 187, 191, 193 unten, 194, 197, 206, 207, 208, 212, 213, 215, 235, 238, 239 rechts
14/15: © Peter Owen / EyeEm / Gettyimages
20: © Shutterstock / Bankolo5
35 oben: © De Agostini /Gettyimages
35 unten: © Leberecht Music & Arts / Contrasto
41: © Labrina / Creative Commons
42: © Westend61
57: © Flickr / Wikimedia Commons
61 links: © blickwinkel / Alamy Stock Photo / IPA
61 rechts: © Shutterstock / vaivirga
64: © Paul Zahl / National Geographic / Gettyimages
72: © Shutterstock / ChWeiss
73 rechts: © UIG / Gettyimages
75: © Pal Heermansen / NPL / Contrasto
79: © Bill Barksdale / Agefotostock
82/83: © Westend61
85: © SSPL / National Media Museum / Gettyimages
87: © SSPL / Florilegius / Gettyimages
93: © Westend61
109 unten: © Morley Read / Gettyimages
114: © Visuals Unlimited / NPL / Contrasto
121: © cayennediane.com/hottest-peppers
143 oben: © Shutterstock / Hristo Rusev
143 unten: © Stuart Wilson / Science Source / Gettyimages
153: © Martin Ruegner / IFA-Bilderteam / Gettyimages
169: © The Opte Project / Wikimedia Commons
180: © Hulton Deutsch / Gettyimages
181: © George Rinhart / Gettyimages
188: © UIG / Gettyimages
193 oben: © Juan Carlos Muñoz / NPL / Contrasto
200/201: © NASA
205: © NASA
220/221: © Shutterstock / Peter Wey
225: © Andrii Shevchuk / Alamy Stock Photo / IPA
227: © Shutterstock / Darren J. Bradley
230: © Shutterstock / Atonen Gala
233: © Peter Chadwick / SPL / Contrasto
244/245: © Westend61

Stefano Mancuso | Alessandra Viola

DIE INTELLIGENZ DER PFLANZEN

Aus dem Italienischen von C. Ammann
188 Seiten, mit farbigem Bildteil
€ 19,95 | ISBN 978-3-95614-030-3

Es ist vor allem Mancusos Leidenschaft, die ‹Die Intelligenz der Pflanzen› zu mehr macht als zu einem Sachbuch über Pflanzen.
Süddeutsche Zeitung

Ohne die Pflanzen, die uns mit Nahrung, Energie und Sauerstoff versorgen, könnten wir Menschen nicht überleben. Merkwürdig eigentlich, dass sie trotzdem lange als Lebewesen niederer Ordnung galten. Erst seit kurzem erkennt die Forschung, was schon Darwin vermutete: dass Pflanzen trotz ihrer (scheinbaren) Unbeweglichkeit über stupende Fähigkeiten verfügen, ja über Intelligenz.

Die Übersetzung dieses Buches wurde mit Unterstützung des Segretariato Europeo per le Pubblicazioni Scientifiche erstellt.

SEPS
SEGRETARIATO EUROPEO PER LE PUBBLICAZIONI SCIENTIFICHE

Via Val d'Aposa 7 | 40123 Bologna | Italy
seps@seps.it | www.seps.it

Titel der Originalausgabe: *PLANT REVOLUTION. Le piante hanno già inventato il nostro futuro*
Umschlaggestaltung: Heidi Sorg und Christof Leistl
Typografie und Satz: a.visus, München
Druck und Bindung: Pustet, Regensburg
ISBN 978-3-95614-233-8